LIGAMUNDO

MATEMÁTICA

CB138659

ELIANE REAME
Doutora em Ensino de Ciências e Matemática pela
Faculdade de Educação da Universidade de São Paulo (FEUSP/SP)
Mestra em Educação na área de Didática pela
Faculdade de Educação da Universidade de São Paulo (FEUSP/SP)
Licenciada em Matemática pelas Faculdades Integradas Nove de Julho (SP)
Pedagoga pela Universidade do Estado do Rio de Janeiro (UERJ/RJ)
Assessora de Matemática em fundações, escolas públicas e particulares

1º ano
Ensino Fundamental • Anos Iniciais

Editora Saraiva
São Paulo – 1ª edição – 2018

Editora Saraiva

Direção geral: Guilherme Luz
Direção editorial: Luiz Tonolli e Renata Mascarenhas
Gestão de projeto editorial: Tatiany Renó
Gestão e coordenação de área: Julio Cesar Augustus de Paula Santos e Juliana Grassmann dos Santos
Edição: Adriana Ayami Takimoto Zemantauskas, André Luiz Ramos de Oliveira, Letícia Mancini Martins e Luís Felipe Porto Mendes
Gerência de produção editorial: Ricardo de Gan Braga
Planejamento e controle de produção: Paula Godo, Roseli Said e Marcos Toledo
Colaboração para desenvolvimento da seção *Conectando saberes*: Mauro César Brosso e Suzana Obara
Revisão: Hélia de Jesus Gonsaga (ger.), Kátia Scaff Marques (coord.), Rosângela Muricy (coord.), Ana Curci, Arali Gomes, Brenda T. M. Morais, Carlos Eduardo Sigrist, Gabriela M. Andrade, Larissa Vazquez, Lilian M. Kumai, Luís M. Boa Nova, Marília Lima, Patricia Cordeiro, Paula T. de Jesus, Rita de Cássia C. Queiroz e Vanessa P. Santos; Amanda Teixeira Silva e Bárbara de Melo Genereze (estágiarias)
Arte: Daniela Amaral (ger.), André Gomes Vitale (coord.), Cristina Nogueira da Silva e Lisandro Paim Cardoso (edição de arte)
Diagramação: Cristina Nogueira da Silva e Lisandro Paim Cardoso
Iconografia: Sílvio Kligin (ger.), Roberto Silva (coord.), Claudia Balista e Douglas Cometti (pesquisa iconográfica)
Licenciamento de conteúdos de terceiros: Thiago Fontana (coord.), Luciana Sposito e Flavia Zambon (licenciamento de textos), Erika Ramires, Luciana Pedrosa Bierbauer e Claudia Rodrigues (analistas adm.)
Tratamento de imagem: Cesar Wolf e Fernanda Crevin
Ilustrações: Alan Carvalho, Alberto Llinares, Alberto de Stefano, Alexandre Benites, Bruna Sanches Welter, Emerson Fialho, Estúdio Mil, Ilustra Cartoon, Lie Kobayashi, Nid Arts e Patricia Paulozzi
Design: Gláucia Correa Koller (ger.), Erika Tiemi Yamauchi Asato (proj. gráfico e capa) e Talita Guedes da Silva (capa)
Foto de capa: Max Topchii/Shutterstock
Ilustração de capa: Ideário Lab

Avenida das Nações Unidas, 7221, 1º andar, Setor A –
Espaço 2 – Pinheiros – SP – CEP 05425-902
SAC 0800 011 7875
www.editorasaraiva.com.br

Dados Internacionais de Catalogação na Publicação (CIP)
(Câmara Brasileira do Livro, SP, Brasil)

Reame, Eliane
Ligamundo : matemática 1º ano / Eliane Reame. -- 1. ed. -- São Paulo : Saraiva, 2018.

Suplementado pelo manual do professor.
Bibliografia.
ISBN 978-85-472-3461-4 (aluno)
ISBN 978-85-472-3462-1 (professor)

1. Matemática (Ensino fundamental) I. Título.

18-16508 CDD-372.7

Índices para catálogo sistemático:

1. Matemática : Ensino fundamental 372.7
Maria Alice Ferreira – Bibliotecária – CRB-8/7964

2023
Código da obra CL 800643
CAE 627962 (AL) / 627965 (PR)
1ª edição
10ª impressão

Impressão e acabamento Gráfica Elyon

Uma publicação SOMOS EDUCAÇÃO

APRESENTAÇÃO

OLÁ!

COM ESTE LIVRO, VOCÊ SERÁ CONVIDADO A JOGAR, CONVERSAR COM SEUS COLEGAS, LER E ESCREVER, USAR DIFERENTES MATERIAIS PARA APRENDER MATEMÁTICA E MUITO MAIS...

DESEJO QUE COM A MATEMÁTICA VOCÊ POSSA:

JOGAR, BRINCAR E CRIAR;

TOMAR DECISÕES E RESOLVER PROBLEMAS;

LER E ESCREVER DIFERENTES TEXTOS;

COMPREENDER MELHOR O MUNDO ONDE VIVE;

AJUDAR VÁRIAS PESSOAS;

TRABALHAR E APRENDER EM GRUPO;

INVESTIGAR O QUE VOCÊ JÁ SABE E O QUE DESEJA SABER;

CONVERSAR SOBRE O QUE APRENDEU; ENFIM,

APRENDER COM ALEGRIA E PRAZER!

A AUTORA

CONHEÇA O SEU LIVRO

ABERTURA DE UNIDADE

NA ABERTURA DE CADA UNIDADE, VOCÊ VAI OBSERVAR A CENA RETRATADA E CONVERSAR COM SEUS COLEGAS PARA RESPONDER A ALGUMAS PERGUNTAS.

É HORA DE JOGAR

VOCÊ VAI SE DIVERTIR APRENDENDO MATEMÁTICA COM OS JOGOS QUE APARECEM NESTA SEÇÃO. CONVIDE SEUS COLEGAS PARA BRINCAR COM VOCÊ.

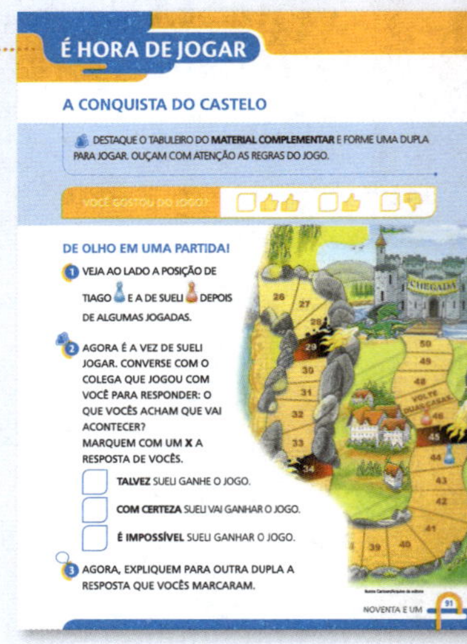

PROBLEMATECA

VOCÊ VAI RESOLVER DIFERENTES TIPOS DE PROBLEMA OU INVENTAR UM PROBLEMA PARA QUE SEUS COLEGAS POSSAM RESOLVER.

COMO VOCÊ CALCULA?

NESTA SEÇÃO VOCÊ VAI APRENDER ALGUMAS ESTRATÉGIAS PARA CALCULAR.

FAÇA SUA ESTIMATIVA

NESTA SEÇÃO VOCÊ VAI ESTIMAR E COMPARAR QUANTIDADES DE OBJETOS E ANIMAIS. DEPOIS, VAI PODER VERIFICAR SE FEZ UMA BOA ESTIMATIVA.

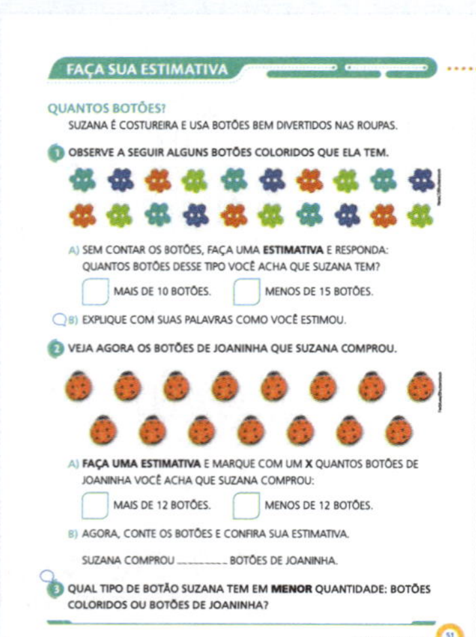

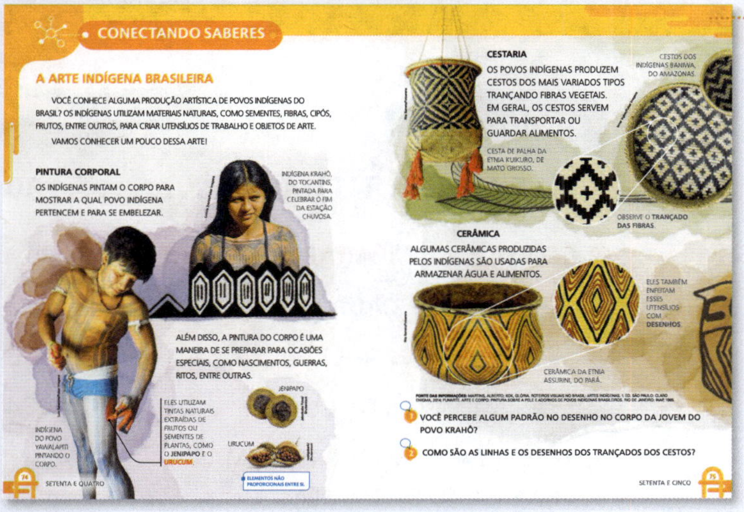

CONECTANDO SABERES

DESCUBRA COMO A MATEMÁTICA SE RELACIONA COM OUTROS TIPOS DE CONHECIMENTO A PARTIR DE TEMAS DO DIA A DIA E DA NOSSA CULTURA.

RESOLVENDO MAIS PROBLEMAS

NESTA SEÇÃO VOCÊ VAI RESOLVER MAIS PROBLEMAS SOBRE OS ASSUNTOS ESTUDADOS NAS UNIDADES. VOCÊ PODERÁ RESOLVÊ-LOS SOZINHO, EM DUPLA OU EM GRUPO.

AUTOAVALIAÇÃO

VOCÊ VAI ESCOLHER UMA CARINHA PARA RESPONDER A PERGUNTAS SOBRE O QUE JÁ SABE.

SUGESTÕES

AS SUGESTÕES DE LEITURA INDICADAS PARA A UNIDADE APARECEM REUNIDAS NESTA SEÇÃO COM UMA BREVE DESCRIÇÃO DAS OBRAS INDICADAS.

ATIVIDADE ORAL

ATIVIDADE EM DUPLA

ATIVIDADE EM GRUPO

SUMÁRIO

Nid Arts/Arquivo da editora

■ NÚMEROS ■ GEOMETRIA ■ PROBABILIDADE E ESTATÍSTICA
■ ÁLGEBRA ■ GRANDEZAS E MEDIDAS

SUMÁRIO

Nid Arts/Arquivo da editora

■ NÚMEROS ■ GEOMETRIA ■ PROBABILIDADE E ESTATÍSTICA
■ ÁLGEBRA ■ GRANDEZAS E MEDIDAS

UNIDADE 8

Nid Arts/Arquivo da editora

UNIDADE 9

Ilustra Cartoon/Arquivo da editora

UNIDADE

1 BRINCAR E CONTAR

NESTA UNIDADE VOCÊ VAI:

- FAZER CONTAGENS, LER E ESCREVER ALGUNS NÚMEROS.
- COMPLETAR TABELA SOBRE ANIMAIS DO ZOOLÓGICO.
- RESOLVER PROBLEMAS.
- CONVERSAR SOBRE A ROTINA ESCOLAR E OS DIAS DA SEMANA.

VAMOS COMEÇAR...

OBSERVE A CENA E CONVERSE COM OS COLEGAS PARA FAZER AS ATIVIDADES.

1. PINTE DE AZUL A FACE DO DADO QUE LARA PRECISA TIRAR PARA PASSAR À FRENTE DE TODOS NESTA RODADA.

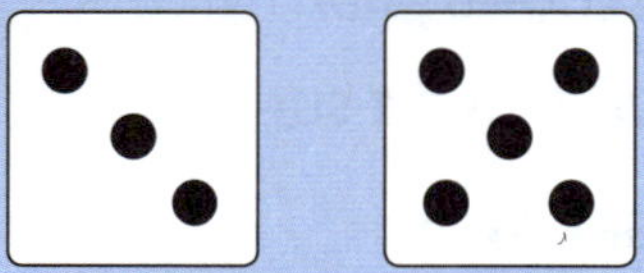

2. VOCÊ CONHECE OUTRA BRINCADEIRA QUE TENHA NÚMEROS?
3. ATÉ QUAL NÚMERO VOCÊ SABE CONTAR?

Bruna Sanches Welter/Arquivo da editora

NÚMEROS EM PARLENDAS E POEMAS

GALOS FUJÕES

ALGUÉM DEIXOU A PORTA DO GALINHEIRO ABERTA E ALGUNS GALOS ACABARAM FUGINDO.

1 **ACOMPANHE A LEITURA DA PARLENDA E DESCUBRA QUANTOS GALOS FUGIRAM.**

GALOS FUJÕES

O GALO DO PATRÃO
QUE FUGIU PELO PORTÃO
ERA 1, ERAM 2,
ERAM 3, ERAM 4,
ERAM 5, ERAM 6,
ERAM 7, ERAM 8,
ERAM 9, ERAM 10.

PARLENDA POPULAR.

Ilustrações: Nid Arts/Arquivo da editora

2 **RESPONDA:**

A) QUANTOS GALOS FUGIRAM PELO PORTÃO?

B) VOCÊ SABE CONTAR ATÉ 10?

C) COM OS COLEGAS, CONTE EM VOZ ALTA ATÉ O NÚMERO QUE VOCÊS SOUBEREM.

UM, DOIS, FEIJÃO COM ARROZ

1 ACOMPANHE A LEITURA E RECITE A PARLENDA COM OS COLEGAS.

UM, DOIS, FEIJÃO COM ARROZ

UM, DOIS, FEIJÃO COM ARROZ;

TRÊS, QUATRO, FEIJÃO NO PRATO;

CINCO, SEIS, BOLO INGLÊS;

SETE, OITO, COMER BISCOITO;

NOVE, DEZ, COMER PASTÉIS.

PARLENDA POPULAR.

Isa/kino.com.br

Thais Falcão/Olhar Imagem

Anton Chernov/Shutterstock

ELEMENTOS NÃO PROPORCIONAIS ENTRE SI.

NESSA PARLENDA VOCÊ RECITOU OS NÚMEROS DE **1 ATÉ 10**.

1, 2, 3, 4, 5, 6, 7, 8, 9, 10

2 DESENHE:

8 BISCOITOS	10 PASTÉIS

VOCÊ CONHECE OUTRAS PARLENDAS COM NÚMEROS? PERGUNTE A ALGUÉM DE SUA CASA E TROQUE AS PARLENDAS COM OS COLEGAS.

UMA PULGA BEM ESPERTA

1 ACOMPANHE A LEITURA DO POEMA E DESCUBRA POR QUE A PULGA É ESPERTA.

A PULGA

UM, DOIS, TRÊS
QUATRO, CINCO, SEIS
COM MAIS UM PULINHO
ESTOU NA PERNA DO FREGUÊS

UM, DOIS, TRÊS
QUATRO, CINCO, SEIS
COM MAIS UMA MORDIDINHA
COITADINHO DO FREGUÊS

UM, DOIS, TRÊS
QUATRO, CINCO, SEIS
TÔ DE BARRIGUINHA CHEIA
TCHAU
GOOD BYE
AUF WIEDERSEHEN

Ilustrações: Alexandre Benites/ Arquivo da editora

VINICIUS DE MORAES. **A ARCA DE NOÉ**. POEMAS INFANTIS. SÃO PAULO: CIA. DAS LETRAS, EDITORA SCHWARCZ LTDA., 1991. P. 60. VM EMPREENDIMENTOS ARTÍSTICOS E CULTURAIS LTDA. © VM © CIA. DAS LETRAS (EDITORA SCHWARCZ).

2 DESENHE **4 PULGAS** COMO VOCÊ QUISER.

3 OBSERVE DIFERENTES MANEIRAS DE REPRESENTAR ESSA QUANTIDADE DE PULGAS.

Ilustrações: Banco de imagens/ Arquivo da editora

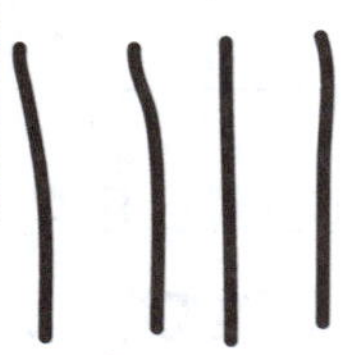

QUATRO

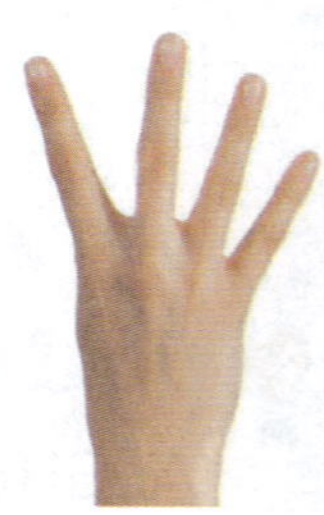

Thinkstock/Getty Images

4 DESENHE AS PULGAS QUE FALTAM PARA COMPLETAR CADA QUANTIDADE.

Ilustrações: Flávio Mendes/Arquivo da editora

1
UM

2
DOIS

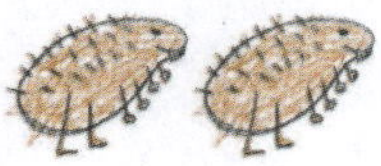

3
TRÊS

4
QUATRO

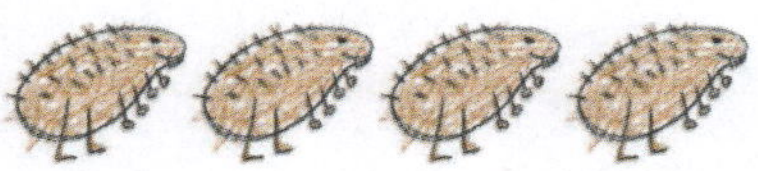

5
CINCO

6
SEIS

7
SETE

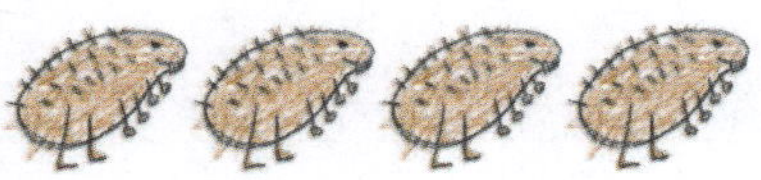

8
OITO

9
NOVE

10
DEZ

CONTAR, COMPARAR E REGISTRAR

UM JEITO DE ESCREVER

1. CONTE ATÉ **10**, DE **1 EM 1**, LEVANTANDO OS DEDOS DAS MÃOS.

2. AGORA, OBSERVE AS SETAS E CONTINUE ESCREVENDO CADA NÚMERO ATÉ COMPLETAR A LINHA.

Fotos: Sergio Dotta Jr./Arquivo da editora

	1	1		
	2	2		
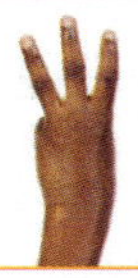	3	3		
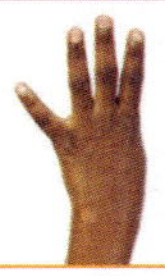	4	4		
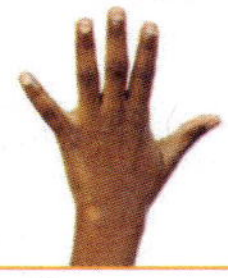	5	5		
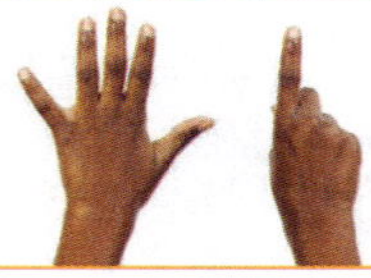	6	6		
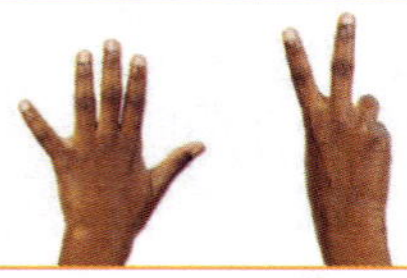	7	7		
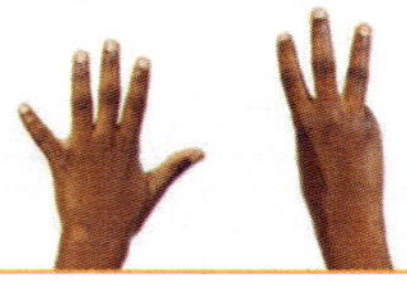	8	8		
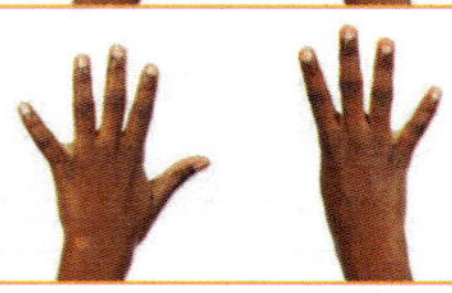	9	9		
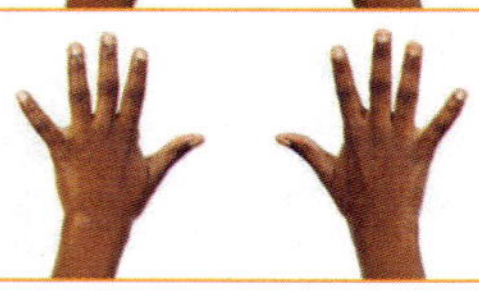	10	10		

BEXIGAS NO CÉU

ANA, LAURA E JOSÉ SOLTARAM ALGUMAS BEXIGAS COLORIDAS.

Nid Arts/Arquivo da editora

1 REGISTRE A QUANTIDADE DE BEXIGAS QUE CADA CRIANÇA SOLTOU.

Nid Arts/Arquivo da editora

2 NA CENA ACIMA, DESENHE UMA LINHA EM VOLTA DA CRIANÇA QUE SOLTOU **MENOS** BEXIGAS.

3 **FAÇA UMA ESTIMATIVA** E MARQUE COM UM **X** QUANTAS BEXIGAS VOCÊ ACHA QUE AS CRIANÇAS SOLTARAM JUNTAS.

☐ MENOS DE 10 BEXIGAS. ☐ MAIS DE 10 BEXIGAS.

4 AGORA, **CONTE AS BEXIGAS** E CONFIRA SUA ESTIMATIVA.

DOBRADURA DE BARQUINHOS

1 JULIANO GOSTA DE FAZER DOBRADURA DE BARQUINHOS. OBSERVE:

Estúdio Mil/Arquivo da editora

A) PINTE OS BARQUINHOS DE JULIANO DE ACORDO COM A LEGENDA.

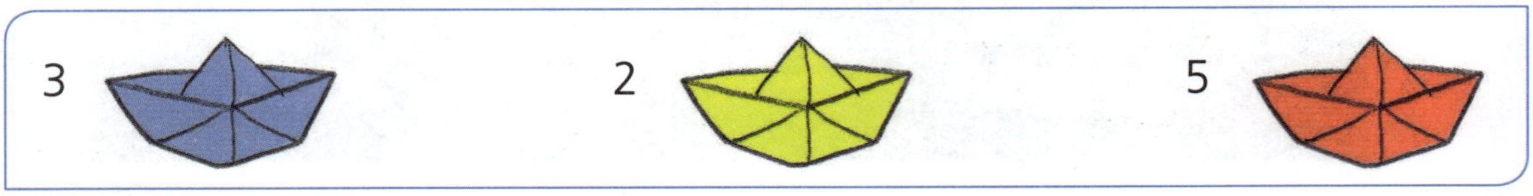

Estúdio Mil/
Arquivo da editora

B) AGORA, DESENHE UMA LINHA EM VOLTA DO BARQUINHO COLORIDO ACIMA QUE JULIANO TEM EM **MAIOR** QUANTIDADE.

2 RENATO TAMBÉM FEZ BARQUINHOS PARA BRINCAR COM JULIANO. OBSERVE:

Estúdio Mil/
Arquivo da editora

A) PINTE OS BARQUINHOS DE RENATO DE ACORDO COM A LEGENDA.

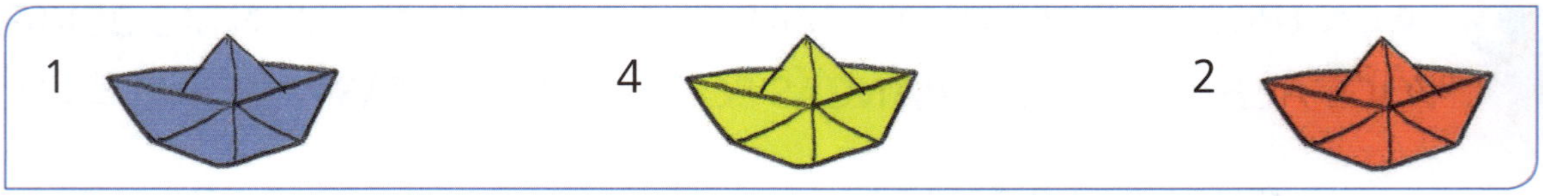

Estúdio Mil/
Arquivo da editora

B) AGORA, DESENHE UMA LINHA EM VOLTA DO BARQUINHO COLORIDO ACIMA QUE RENATO TEM EM **MENOR** QUANTIDADE.

COMPLETAR TABELAS

ANIMAIS DO ZOOLÓGICO

OS ALUNOS DO 1º ANO FIZERAM UMA PESQUISA SOBRE QUAL ANIMAL MAIS GOSTARIAM DE VISITAR NO ZOOLÓGICO. ELES ESCOLHERAM OS SEGUINTES ANIMAIS:

FOCA

GIRAFA

LEÃO

MICO-LEÃO

1 CADA ALUNO QUE VOTOU ESCOLHEU APENAS UM ANIMAL. VEJA O RESULTADO DA VOTAÇÃO.

ELEMENTOS NÃO PROPORCIONAIS ENTRE SI.

Fotos: foca: Tasch/Shutterstock; girafa: Anita van den Broek/Shutterstock; leão: The Len/Shutterstock; mico-leão: Edwin Butter/Shutterstock

2 PREENCHA A TABELA COM O NÚMERO DE VOTOS DE CADA ANIMAL:

ANIMAL QUE MAIS GOSTARÍAMOS DE VISITAR NO ZOOLÓGICO				
ANIMAL				
VOTOS				

FONTE: ALUNOS DO 1º ANO (DADOS FICTÍCIOS).

3 MARQUE COM UM **X** O ANIMAL QUE RECEBEU **MAIS** VOTOS.

4 DESENHE UMA LINHA EM VOLTA DO ANIMAL COM **MENOS** VOTOS.

5 QUAIS ANIMAIS RECEBERAM O MESMO NÚMERO DE VOTOS?

RESOLVENDO MAIS PROBLEMAS

BRINCANDO NA PRAÇA

1 FORME UMA RODA COM OS COLEGAS E, JUNTOS, OBSERVEM A CENA E CONVERSEM SOBRE ELA.

Alberto de Stefano/Arquivo da editora

2 RESPONDA:

A) ONDE AS CRIANÇAS ESTÃO?

B) O QUE ELAS ESTÃO FAZENDO?

C) QUEM SÃO AS OUTRAS PESSOAS QUE APARECEM NA CENA?

D) O QUE OS ADULTOS ESTÃO FAZENDO?

3 VOCÊ JÁ BRINCOU EM ALGUMA PRAÇA? COMO ELA ERA?

4 QUANTAS CRIANÇAS ESTÃO EM CADA BRINQUEDO DA PRAÇA?

☐ ESCORREGADOR

☐ BALANÇO

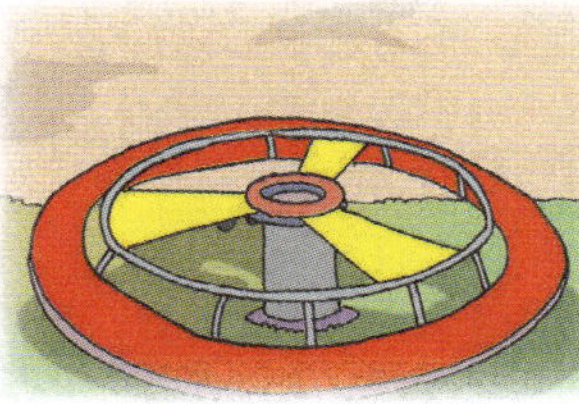

☐ GIRA-GIRA

Ilustrações: Alberto de Stefano/ Arquivo da editora

5 O QUE MAIS VOCÊ PODE PERGUNTAR SOBRE A CENA?

O TEMPO PASSA...

A ROTINA DO DIA

1 VOCÊ SABE QUAIS ATIVIDADES SUA TURMA FARÁ HOJE NA ESCOLA? CONVERSE COM O PROFESSOR E OS COLEGAS SOBRE ISSO.

2 AS FOTOGRAFIAS DO VARAL REPRESENTAM AS ATIVIDADES QUE A TURMA DE LETÍCIA, DO 1º ANO, VAI FAZER HOJE. OBSERVE:

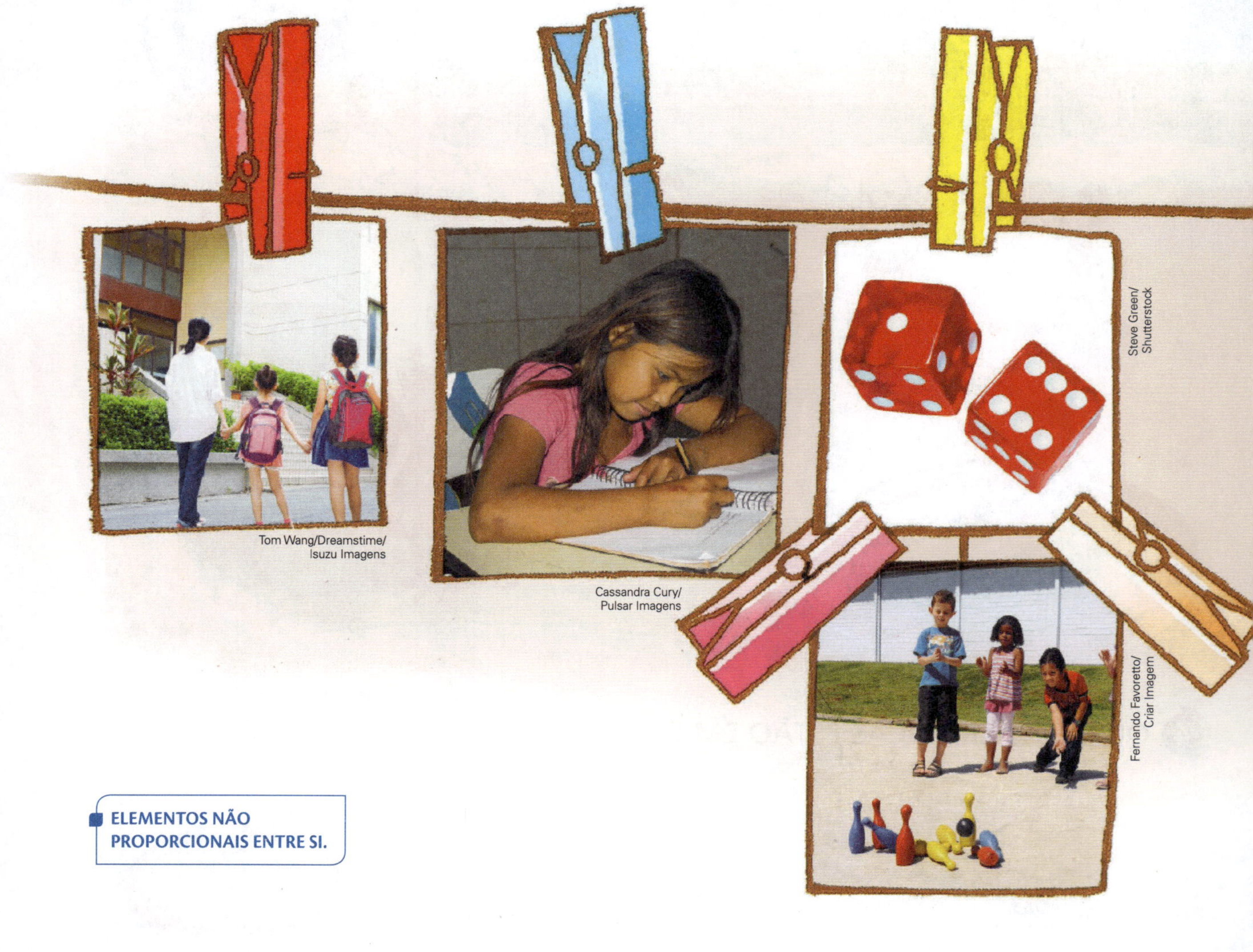

Tom Wang/Dreamstime/Isuzu Imagens

Cassandra Cury/Pulsar Imagens

Steve Green/Shutterstock

Fernando Favoretto/Criar Imagem

ELEMENTOS NÃO PROPORCIONAIS ENTRE SI.

A **FOTOGRAFIA 1** MOSTRA AS CRIANÇAS CHEGANDO À ESCOLA.

3 CONVERSE COM OS COLEGAS SOBRE O QUE CADA FOTOGRAFIA REPRESENTA.

4 RESPONDA:

A) POR QUE A FOTOGRAFIA DOS DADOS E A FOTOGRAFIA DO BOLICHE FORAM COLOCADAS JUNTAS?

B) QUAL ATIVIDADE OS ALUNOS DA TURMA DE LETÍCIA VÃO FAZER ANTES DOS JOGOS?

C) QUAL ATIVIDADE ELES VÃO FAZER DEPOIS DA ATIVIDADE DO LANCHE?

ELEMENTOS NÃO PROPORCIONAIS ENTRE SI.

Nid Arts/Arquivo da editora

Iuliia_n/Shutterstock

Monkey Business Images/Shutterstock

Monkey Business Images/Shutterstock

5 AGORA É A SUA VEZ! DESENHE OU ESCREVA NO VARAL ABAIXO A ROTINA DO SEU DIA DE HOJE.

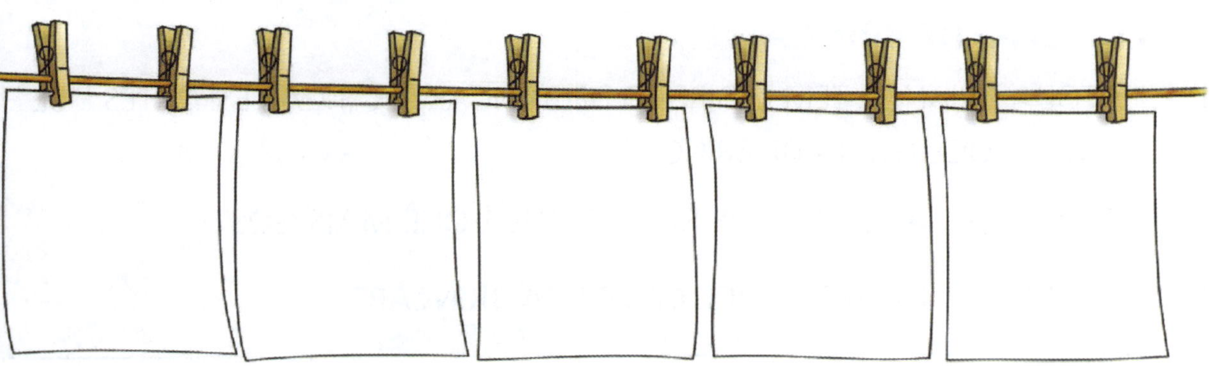

Hélio Senatore/Arquivo da editora

BRINCANDO COM AS AMIGAS

TRÊS AMIGAS PASSARAM A TARDE JUNTAS BRINCANDO.

1 DESTAQUE OS CARTÕES DO **MATERIAL COMPLEMENTAR**, QUE MOSTRAM O QUE ELAS FIZERAM. DEPOIS, ORDENE E COLE OS CARTÕES EM UMA SEQUÊNCIA DE FATOS.

1	2	3
4	5	6

FORME UM GRUPO COM ALGUNS COLEGAS E CONTEM UMA HISTÓRIA SOBRE A TARDE QUE AS TRÊS AMIGAS PASSARAM JUNTAS. SERÁ QUE TODAS AS HISTÓRIAS SERÃO IGUAIS?

VAMOS FALAR SOBRE...

O DIREITO DE BRINCAR

TODA CRIANÇA TEM O DIREITO DE BRINCAR, PRATICAR ESPORTES E SE DIVERTIR. VOCÊ GOSTA DE BRINCAR?

1. QUAIS SÃO AS BRINCADEIRAS DE QUE VOCÊ MAIS GOSTA?
2. EM QUAIS LUGARES VOCÊ COSTUMA BRINCAR?

OS DIAS DA SEMANA

1 ACOMPANHE A LEITURA E RECITE A PARLENDA SOBRE O NOME DOS DIAS DA SEMANA.

SETE DIAS A SEMANA TEM
QUANDO UM ACABA
O OUTRO LOGO VEM
SEGUNDA-FEIRA
TERÇA-FEIRA
QUARTA-FEIRA
QUINTA-FEIRA
SEXTA-FEIRA
SÁBADO E
DOMINGO TAMBÉM.

PARLENDA POPULAR.

Nid Arts/Arquivo da editora

2 RESPONDA:

A) UMA SEMANA TEM QUANTOS DIAS? ....

B) DE QUAL DIA DA SEMANA VOCÊ MAIS GOSTA? POR QUÊ?

3 OBSERVE A SEQUÊNCIA DE CARTÕES COM O NOME DOS **7 DIAS DA SEMANA**:

Hélio Senatore/Arquivo da editora

PINTE OS CARTÕES COM O NOME DOS DIAS DA SEMANA DE ACORDO COM AS CORES DA LEGENDA:

- O PRIMEIRO DIA DA SEMANA.
- O ÚLTIMO DIA DA SEMANA.
- OS DIAS EM QUE VOCÊ TEM AULA.

ONTEM, HOJE OU AMANHÃ?

1 RESPONDA ÀS PERGUNTAS DAS CRIANÇAS:

A)

Ilustrações: Estúdio Mil/Arquivo da editora

LUÍSA

C)

JOSÉ

B)

RUI

D)

EDUARDA

2 VOCÊ SE LEMBRA DO QUE VOCÊ FEZ ONTEM?
CONTE AOS SEUS COLEGAS O QUE VOCÊ FEZ NA PARTE DA **MANHÃ**, NA PARTE DA **TARDE** E À **NOITE**, ANTES DE DORMIR.

3 NO PRÓXIMO **DOMINGO** DE **MANHÃ**, MARIA VAI BRINCAR NA PRAÇA COM ALGUNS AMIGOS.

CONTE AOS SEUS COLEGAS O QUE VOCÊ GOSTARIA DE FAZER NO PRÓXIMO **DOMINGO** DE **MANHÃ**.

PROBLEMATECA

O DIA DO MAIOR PEIXE!

PEDRO É UM FAMOSO PESCADOR.

1 **COM OS COLEGAS, ACOMPANHE A LEITURA DAS FRASES E DESCUBRA EM QUAL DIA DA SEMANA ELE PESCOU O MAIOR PEIXE.**

Estúdio Mil/Arquivo da editora

2 **MARQUE COM UM X O NOME DO DIA DA SEMANA EM QUE PEDRO PESCOU O MAIOR PEIXE.**

DOMINGO | SEGUNDA-FEIRA | TERÇA-FEIRA | QUARTA-FEIRA

QUINTA-FEIRA | SEXTA-FEIRA | SÁBADO

BINGO DE NÚMEROS

NESTE LIVRO VOCÊ SERÁ CONVIDADO A JOGAR VÁRIAS VEZES. VAMOS COMEÇAR PELO **BINGO DE NÚMEROS**.

NÚMERO DE JOGADORES: 4 OU MAIS, ORGANIZADOS EM DUPLAS.

MATERIAL:

- UMA CARTELA COM 4 ESPAÇOS PARA CADA DUPLA ESCREVER NÚMEROS;
- MARCADORES PARA COBRIR OS NÚMEROS DA CARTELA.

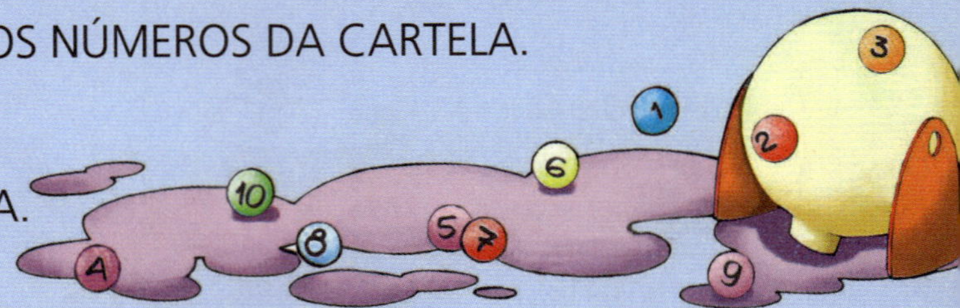

OBJETIVO: MARCAR TODOS OS NÚMEROS DA CARTELA.

REGRAS:

1ª CADA DUPLA ESCOLHE 4 NÚMEROS DIFERENTES PARA COMPLETAR SUA CARTELA. OS NÚMEROS QUE PODEM SER ESCRITOS EM CADA ESPAÇO DA CARTELA SÃO:

1 2 3 4 5 6 7 8 9 10

2ª O PROFESSOR FALA UM NÚMERO DE 1 ATÉ 10;

3ª A DUPLA QUE TIVER EM SUA CARTELA O NÚMERO FALADO COLOCA UM MARCADOR SOBRE ELE;

4ª VENCE A DUPLA QUE MARCAR TODOS OS NÚMEROS DA CARTELA PRIMEIRO.

FORME UMA DUPLA COM UM COLEGA. DEPOIS, COMPLETEM A CARTELA AO LADO E BOM JOGO!

VOCÊ GOSTOU DO JOGO?

- [ ] 👍👍
- [ ] 👍
- [ ] 👎

AUTOAVALIAÇÃO

O QUE VOCÊ APRENDEU NA **UNIDADE 1**?
COMBINE COM OS COLEGAS SOBRE O QUE PODE SIGNIFICAR CADA CARINHA.
DEPOIS, MARQUE COM UM **X** A CARINHA QUE MELHOR INDICA A SUA RESPOSTA.

1. EU SEI FAZER CONTAGENS, LER E ESCREVER NÚMEROS ATÉ 10?			
2. EU SEI COMPARAR NÚMEROS ATÉ 10?			
3. EU SEI O NOME DOS DIAS DA SEMANA?			

SUGESTÕES

PARA LER

- **LIVRO DOS NÚMEROS, BICHOS E FLORES**, DE CLÉO BUSATTO, EDITORA MOITARÁ.

  LOGO AO AMANHECER, EM UM BELO JARDIM, GIRASSÓIS, PASSARINHOS, JOANINHAS, MINHOCAS E MUITOS OUTROS ANIMAIS DESPERTAM PARA MAIS UM DIA! CONHEÇA A HISTÓRIA DE UMA TURMA QUE SABE APRECIAR MUITO BEM O DIA E APROVEITE PARA FAZER CONTAGENS!

Reprodução/Editora Moitará

- **OS DEZ AMIGOS NO CAMPO**, DE ANNA GÖBEL, EDITORA FORMATO.

  IMAGINE UM GRUPO DE AMIGOS QUE VAI SE JUNTANDO E SE DIVERTINDO ENQUANTO PASSEIA PELO CAMPO... O QUE SERÁ QUE ELES VÃO APRONTAR?

Reprodução/Editora Formato

PARA ACESSAR

- **TERRITÓRIO DO BRINCAR**

  DISPONÍVEL EM: <http://territoriodobrincar.com.br/brincadeiras-pelo-brasil/>. ACESSO EM: 22 MAR. 2018.

  UM *SITE* COM VÁRIAS BRINCADEIRAS TÍPICAS DE CADA REGIÃO DO BRASIL.

UNIDADE

2 EU E MINHA TURMA

NESTA UNIDADE VOCÊ VAI:

- CONTAR AS LETRAS DO SEU NOME E COMPARAR NÚMEROS.
- LOCALIZAR ALGUNS OBJETOS E PESSOAS E DIZER ONDE ELES ESTÃO.
- FAZER DESENHOS E RECONHECER QUAL É SUA MÃO DIREITA E QUAL É SUA MÃO ESQUERDA.

VAMOS COMEÇAR...

OBSERVE A CENA E CONVERSE COM OS COLEGAS PARA RESPONDER ÀS PERGUNTAS.

1. A PROFESSORA DO 1º ANO ESTÁ DISTRIBUINDO CRACHÁS. QUAL NOME ESCRITO NOS CRACHÁS TEM MAIS LETRAS?
2. CONTE AS LETRAS DO SEU NOME E COMPARE COM O NÚMERO DE LETRAS DO NOME DE UM COLEGA. QUAL NOME TEM MENOS LETRAS?

DISTRIBUIÇÃO DOS CRACHÁS

Bruna Sanches Welter/Arquivo da editora

CONTAR, COMPARAR E REGISTRAR

O NOME DE CADA UM

1 ACOMPANHE A LEITURA DO TRECHO DE UM POEMA:

NOME DA GENTE

POR QUE É QUE EU ME CHAMO ISSO
E NÃO ME CHAMO AQUILO?
POR QUE É QUE O JACARÉ
NÃO SE CHAMA CROCODILO?

PEDRO BANDEIRA.
CAVALGANDO O ARCO-ÍRIS.
3. ED. SÃO PAULO: MODERNA, 2002.

Banco de imagens/Arquivo da editora

2 ESCREVA SEU NOME E O NOME DE DOIS COLEGAS. MAS ATENÇÃO, UMA LETRA EM CADA ☐.

DEPOIS, ESCREVA O NÚMERO DE LETRAS DE CADA NOME.

NOME												NÚMERO DE LETRAS

3 NO QUADRO ACIMA, PINTE:

A) DE **VERDE** O NOME COM MAIS LETRAS.

B) DE **AZUL** O NOME COM MENOS LETRAS.

VOCÊ SABE COMO SEU NOME FOI ESCOLHIDO? PERGUNTE A ALGUÉM DA SUA FAMÍLIA E CONTE AOS COLEGAS E AO PROFESSOR.

CARTAZ DE NOMES

1 VEJA O CARTAZ COM TODOS OS NOMES DOS ALUNOS DA TURMA DE LUCA.

Estúdio Mil/Arquivo da editora

2 **PINTE OS CARTÕES DE ACORDO COM A LEGENDA:**

NOME DE MENINAS. NOME DE MENINOS.

3 **OBSERVE O CARTAZ E RESPONDA:**

A) QUANTOS NOMES TÊM 6 LETRAS? ....

B) QUAIS NOMES TÊM O **MAIOR** NÚMERO DE LETRAS?

C) QUAIS NOMES TÊM O **MENOR** NÚMERO DE LETRAS?

D) QUANTAS MENINAS HÁ NESSA TURMA? ....

E) QUANTOS SÃO OS MENINOS? ....

4 **COPIE DO CARTAZ UM NOME QUE TENHA 5 LETRAS.**

COM SEUS COLEGAS, FAÇAM TAMBÉM UM CARTAZ COM OS NOMES DOS ALUNOS DA SUA TURMA.

AS BOLINHAS DE GUDE

LUCAS E JÚLIO LEVARAM BOLINHAS DE GUDE PARA BRINCAR NA HORA DO RECREIO DA ESCOLA.

1 CONTE E ESCREVA O NÚMERO DE BOLINHAS DE GUDE QUE CADA UM DOS MENINOS LEVOU PARA A ESCOLA.

LUCAS

Ilustrações: Ilustra Cartoon/ Arquivo da editora

JÚLIO

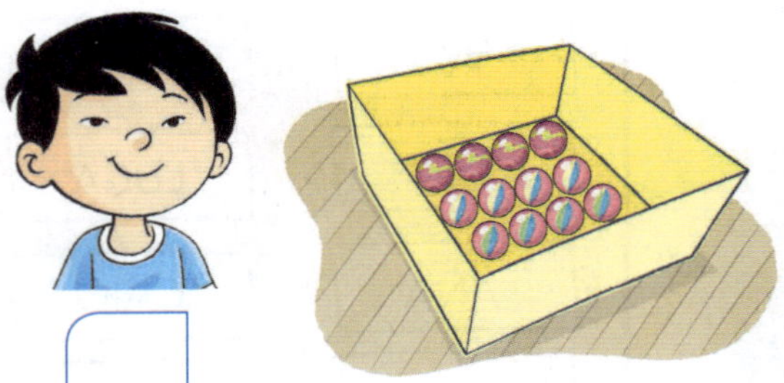

2 DESENHE UMA LINHA EM VOLTA DO MENINO QUE TEM A CAIXA COM **MAIS** BOLINHAS DE GUDE.

LUCAS

Ilustrações: Ilustra Cartoon/ Arquivo da editora

JÚLIO

3 MARTA VAI BRINCAR COM OS MENINOS. VEJA QUANTAS BOLINHAS ELA TROUXE.

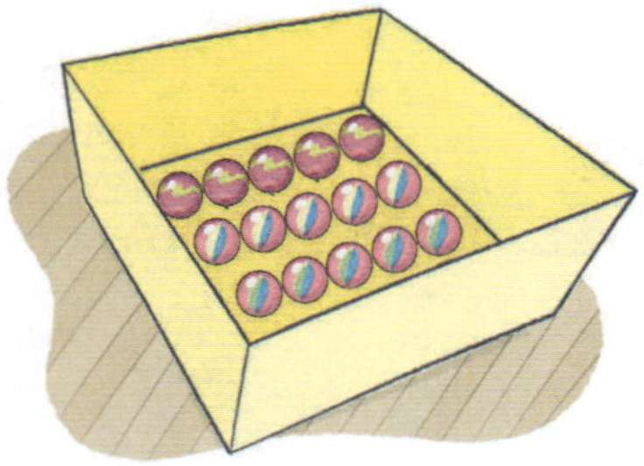

DESENHE UMA LINHA EM VOLTA DE QUEM TEM A CAIXA COM **MENOS** BOLINHAS DE GUDE.

LUCAS

JÚLIO

MARTA

Ilustrações: Ilustra Cartoon/ Arquivo da editora

RESOLVENDO MAIS PROBLEMAS

FORME UMA DUPLA PARA RESOLVER O PROBLEMA A SEGUIR.

ANIVERSÁRIO DA ESCOLA

A TURMA DO 1º ANO VAI COMEMORAR O ANIVERSÁRIO DA ESCOLA. JOANA E LUIZA TROUXERAM BEXIGAS PARA A FESTA.

Nid Arts/Arquivo da editora

JOANA TROUXE **MENOS** BEXIGAS DO QUE LUIZA.

1 **QUANTAS BEXIGAS VOCÊ ACHA QUE JOANA TROUXE? DESENHE NA CENA ACIMA.**

2 **AGORA, RESPONDA:**

A) QUANTAS BEXIGAS LUIZA TROUXE PARA A FESTA? ....

B) QUANTAS BEXIGAS JOANA TROUXE?

....

CACHORROS PARA ADOÇÃO

CAETANO ESTÁ CONTANDO OS CACHORROS DO CANIL DO ABRIGO DE ANIMAIS **RECANTO DA ESPERANÇA**. OS CACHORROS ESTÃO AGUARDANDO NOVOS DONOS.

Nid Arts/Arquivo da editora

1 QUANTOS CACHORROS HÁ NESSE CANIL? ....

2 SE CHEGAREM OUTROS 7 CACHORROS, QUANTOS CACHORROS FICARÃO NO CANIL?

....

VAMOS FALAR SOBRE...

A ADOÇÃO RESPONSÁVEL DE ANIMAIS

PARA ADOTAR UM ANIMAL É PRECISO TER MUITA RESPONSABILIDADE E ORGANIZAÇÃO. OS ANIMAIS DE ESTIMAÇÃO PRECISAM DE VÁRIOS CUIDADOS.

1. VOCÊ TEM UM ANIMAL DE ESTIMAÇÃO? ELE FOI ADOTADO?

2. DE QUAIS CUIDADOS OS ANIMAIS DE ESTIMAÇÃO PRECISAM?

UM NOVO COLEGA

JONAS MUDOU-SE DA CIDADE DE SALVADOR, NA BAHIA, PARA A CIDADE DE TERESINA, NO PIAUÍ.

AS AULAS JÁ COMEÇARAM NA NOVA ESCOLA, MAS HOJE É O PRIMEIRO DIA DE AULA DE JONAS. ELE ESTÁ PREOCUPADO, POIS NÃO CONHECE NINGUÉM DA TURMA.

Nid Arts/Arquivo da editora

1 SE JONAS FOSSE DA SUA TURMA, COMO VOCÊ E OS COLEGAS PODERIAM RECEBER O NOVO COLEGA?

A ORIGEM DE ALGUMAS BRINCADEIRAS

VOCÊ JÁ BRINCOU DE **ARRANCA-MANDIOCA**? E DE **TERRA-MAR**? VAMOS CONHECER UM POUCO SOBRE ESSAS BRINCADEIRAS?

ARRANCA-MANDIOCA

A BRINCADEIRA, DE ORIGEM ÍNDIGENA, RECEBE ESSE NOME PORQUE LEMBRA A MANEIRA COMO OS POVOS INDÍGENAS COLHEM A MANDIOCA.

COMO BRINCAR:

- OS PARTICIPANTES SE SENTAM EM FILA NO CHÃO, CADA UM DELES AGARRADO À PESSOA DA SUA FRENTE, PELA BARRIGA, FINGINDO SER MANDIOCAS;
- UM DOS PARTICIPANTES FICA DE PÉ E TENTA ARRANCAR AS "MANDIOCAS", ATÉ RETIRAR TODAS DA FILA.

ATENÇÃO: A "MANDIOCA" A SER ARRANCADA DEVE SER SEMPRE A ÚLTIMA DA FILA!

Sergio Dotta Jr./Arquivo da editora

1 SE A FILA DA BRINCADEIRA **ARRANCA-MANDIOCA** TIVER 10 "MANDIOCAS" E 3 FOREM ARRANCADAS, QUANTAS AINDA CONTINUARÃO NA FILA?

TERRA-MAR

A BRINCADEIRA, DE ORIGEM AFRICANA, FOI TRAZIDA PARA O BRASIL PELOS NEGROS QUE FORAM ESCRAVIZADOS.

COMO BRINCAR:

- DEVE-SE TRAÇAR UMA LONGA LINHA RETA NO CHÃO. UM LADO DA LINHA SERÁ A "TERRA" E O OUTRO LADO SERÁ O "MAR";
- UM PARTICIPANTE É ESCOLHIDO PARA FALAR AS PALAVRAS **TERRA** E **MAR**. OS DEMAIS ESCOLHEM O LADO EM QUE VÃO COMEÇAR;
- AO OUVIREM A PALAVRA **MAR**, SE ESTIVEREM NO LADO "TERRA", DEVEM PULAR PARA O "MAR". CASO CONTRÁRIO, PERMANECEM ONDE ESTÃO;
- AO OUVIREM A PALAVRA **TERRA**, SE ESTIVEREM DO LADO "MAR", DEVEM PULAR PARA A "TERRA". CASO CONTRÁRIO, PERMANECEM ONDE ESTÃO;
- QUEM ERRAR SAI DA BRINCADEIRA. VENCE QUEM FICAR POR ÚLTIMO.

Sergio Dotta Jr./Arquivo da editora

2 VOCÊ CONHECE A BRINCADEIRA **MORTO-VIVO**? VOCÊ ACHA QUE AS BRINCADEIRAS **TERRA-MAR** E **MORTO-VIVO** TÊM ALGO EM COMUM? E ALGO DE DIFERENTE?

VOCÊ CONHECE OUTRA BRINCADEIRA QUE SEJA DE ORIGEM INDÍGENA OU DE ORIGEM AFRICANA? CONTE AOS COLEGAS.

POSIÇÃO E LOCALIZAÇÃO

ONDE ESTÁ?

1 MARQUE COM UM **X** A CRIANÇA QUE ESTÁ MAIS **PERTO** DA FONTE DE ÁGUA NA CENA A SEGUIR.

Estúdio Mil/Arquivo da editora

2 DESENHE UMA LINHA EM VOLTA DA CRIANÇA QUE ESTÁ **DE COSTAS** PARA VOCÊ.

Estúdio Mil/Arquivo da editora

3 DESENHE UMA LINHA EM VOLTA DA CRIANÇA QUE ESTÁ **DENTRO** DO CERCADO COM AREIA.

Estúdio Mil/Arquivo da editora

4 AGORA, É VOCÊ QUEM VAI DESENHAR!
DESENHE UMA CAIXA **EM CIMA** DO BANCO DA PRAÇA.
DEPOIS, DESENHE UMA BOLA **EMBAIXO** DO BANCO.

Alexandre Benites/Arquivo da editora

O QUARTO DOS IRMÃOS

GABRIELA E MARCELO DORMEM NO MESMO QUARTO. LÁ, ELES OUVEM MÚSICA, BRINCAM, CONVERSAM...

1 OBSERVE O QUARTO DOS IRMÃOS.

Nid Arts/Arquivo da editora

NA **PRIMEIRA** PRATELEIRA DA ESTANTE, GABRIELA E MARCELO GUARDAM OS BONECOS.

2 FAÇA UM **X** NOS OBJETOS QUE ESTÃO NA **SEGUNDA** PRATELEIRA.

3 DESENHE UMA LINHA EM VOLTA DO QUE OS IRMÃOS GUARDARAM NA **ÚLTIMA** PRATELEIRA.

4 EM QUAL PRATELEIRA ELES COLOCARAM OS LIVROS?

5 DESENHE UMA BOLA **DENTRO** DA CAIXA DE BRINQUEDOS.

6 CONVIDE UM COLEGA PARA CRIAR:

A) UMA PERGUNTA SOBRE A QUANTIDADE DE LIVROS QUE GABRIELA E MARCELO TÊM.

B) UMA PERGUNTA SOBRE O MURAL DE FOTOS.

PEÇAM A COLEGAS DE OUTRA DUPLA QUE RESPONDAM ÀS PERGUNTAS QUE VOCÊS CRIARAM.

ESQUERDA, DIREITA

BICHOS COM AS MÃOS

1 **OBSERVE ALGUNS DESENHOS QUE PODEM SER FEITOS COM O CONTORNO DAS MÃOS:**

A) PARA DESENHAR UMA BORBOLETA, VOCÊ PODE PEDIR A AJUDA DE UM COLEGA PARA CONTORNAR AS SUAS MÃOS.

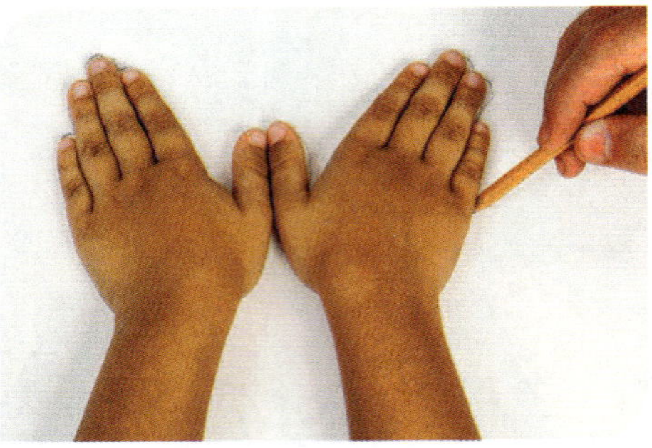

Fotos: Sergio Dotta Jr./Arquivo da editora

B) VOCÊ PODE DESENHAR UM PAVÃO COLORIDO CONTORNANDO SUA **MÃO ESQUERDA**, OU A MÃO ESQUERDA DE UM COLEGA.

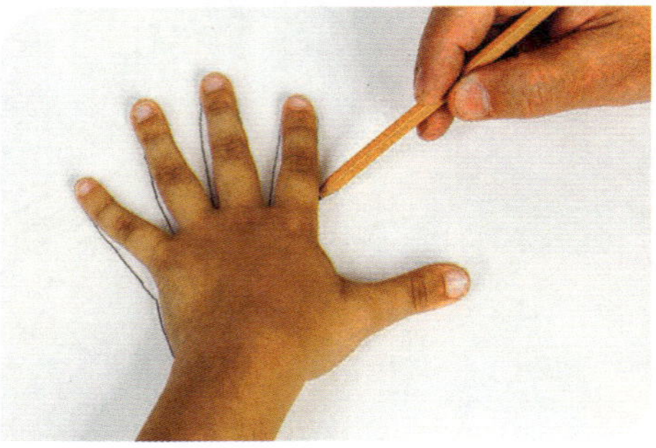

Fotos: Sergio Dotta Jr./Arquivo da editora

C) VOCÊ TAMBÉM PODE DESENHAR UM DRAGÃO CONTORNANDO SUA **MÃO DIREITA**, OU A MÃO DIREITA DE UM COLEGA.

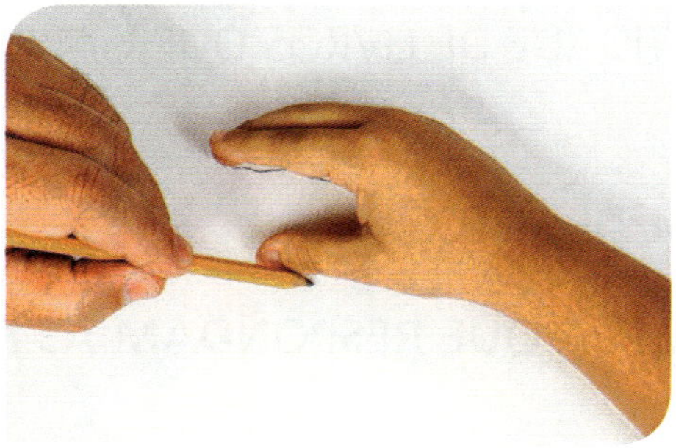

Fotos: Sergio Dotta Jr./Arquivo da editora

2 E ENTÃO, VOCÊ JÁ TEVE ALGUMA IDEIA PARA DESENHAR OUTROS BICHOS USANDO O CONTORNO DAS MÃOS?

VAMOS LÁ! USE O ESPAÇO ABAIXO. DEPOIS, MOSTRE SUA ARTE PARA SEUS COLEGAS.

JUNTE TODA A SUA TURMA PARA CRIAR UM CARTAZ OU UM VARAL COM DESENHOS DE BICHOS FEITOS COM O CONTORNO DAS MÃOS.

É HORA DE JOGAR

O JOGO DO TREM

DESTAQUE O TABULEIRO DO **MATERIAL COMPLEMENTAR** E FORME UMA DUPLA PARA JOGAR. OUÇAM COM ATENÇÃO AS REGRAS DO JOGO.

VOCÊ GOSTOU DO JOGO? ☐ 👍👍 ☐ 👍 ☐ 👎

DE OLHO EM UMA PARTIDA!

ISABELA JÁ LANÇOU O DADO TRÊS VEZES. OBSERVE:

Cristina Xavier/

1 CONTE OS PONTOS DE ISABELA E PINTE OS VAGÕES DO TREM COMEÇANDO PELO ÚLTIMO VAGÃO.

Alan Carvalho/Arquivo da editora

2 QUANTOS VAGÕES VOCÊ PINTOU?

....

3 QUANTOS VAGÕES FALTAM PARA ISABELA CHEGAR À LOCOMOTIVA DO TREM?

....

4 NA PRÓXIMA JOGADA, **É POSSÍVEL** ISABELA TIRAR 3 PONTOS NO DADO?

☐ SIM. ☐ NÃO.

COM O COLEGA DA DUPLA, CRIEM OUTRO TABULEIRO COM MAIS VAGÕES E JOGUEM NOVAMENTE.

AUTOAVALIAÇÃO

O QUE VOCÊ APRENDEU NA **UNIDADE 2**? MARQUE COM UM **X** A CARINHA QUE MELHOR INDICA A SUA RESPOSTA.

1. EU SEI QUANTAS LETRAS TEM O MEU NOME E O NOME DE MEUS COLEGAS?			
2. EU SEI COMPARAR NÚMEROS E DIZER QUAL É O MAIOR E QUAL É O MENOR?			
3. EU SEI A POSIÇÃO DE ALGUNS OBJETOS E PESSOAS DIZENDO ONDE ELES ESTÃO?			
4. EU SEI DIZER QUAL É A MINHA MÃO DIREITA E QUAL É A MINHA MÃO ESQUERDA?			

SUGESTÕES

PARA LER

- **BELELÉU E OS NÚMEROS** (COLEÇÃO PONTE DO SABER), DE PATRÍCIO DUGNANI, EDITORA PAULINAS.

  GABRIEL É UM MENINO MUITO BAGUNCEIRO QUE DEIXA TODOS OS SEUS BRINQUEDOS ESPALHADOS PELA CASA. CANSADOS DA BAGUNÇA, SEUS PAIS VÃO AJUDAR O GAROTO A ORGANIZAR E CONTAR SEUS BRINQUEDOS.

Reprodução/Editora Paulinas

- **TÔ DENTRO, TÔ FORA...**, DE ALCY, FORMATO.

  É, AO MESMO TEMPO, UMA BRINCADEIRA E UM LIVRO. DE FORMA DIVERTIDA, ESTE LIVRO COM IMAGENS DE ANIMAIS EXPLORA EXPRESSÕES COMO: DENTRO OU FORA, DIREITA OU ESQUERDA, À FRENTE OU ATRÁS, EM CIMA OU EMBAIXO, SUBINDO OU DESCENDO.

Reprodução/Editora Formato

UNIDADE

3 OUVIR, FALAR, LER E ESCREVER NÚMEROS

NESTA UNIDADE VOCÊ VAI:

- FAZER CONTAGENS, LER E ESCREVER NÚMEROS ATÉ 30.
- JUNTAR QUANTIDADES PARA RESOLVER PROBLEMAS.
- NOMEAR OS MESES DO ANO EM SEQUÊNCIA.
- COMPLETAR UMA TABELA SOBRE OS ANIVERSARIANTES DE SUA TURMA.

VAMOS COMEÇAR...

OBSERVE A CENA E CONVERSE COM OS COLEGAS PARA RESPONDER ÀS PERGUNTAS.

1. ANA ESTÁ CONTANDO OS NÚMEROS EM VOZ ALTA. EM QUAL NÚMERO ELA PAROU?
2. VOCÊ SABE CONTAR, DE **1 EM 1**, ATÉ 10? E DEPOIS SABE IR ATÉ O 20, PARTINDO DO 10?
3. NA SUA SALA DE AULA É POSSÍVEL OBSERVAR OS NÚMEROS ESCRITOS EM SEQUÊNCIA? ONDE?

Bruna Sanches Welter/Arquivo da editora

CONTAR, COMPARAR E REGISTRAR

SANFONAS DE NÚMEROS

1 ALGUNS ALUNOS ESTÃO FAZENDO SANFONAS DE NÚMEROS **ATÉ 20**. CONTINUE ESCREVENDO OS NÚMEROS NAS PARTES QUE APARECEM NA SANFONA DE CADA UM DELES.

Ilustrações: Ilustra Cartoon/Arquivo da editora

BETINA

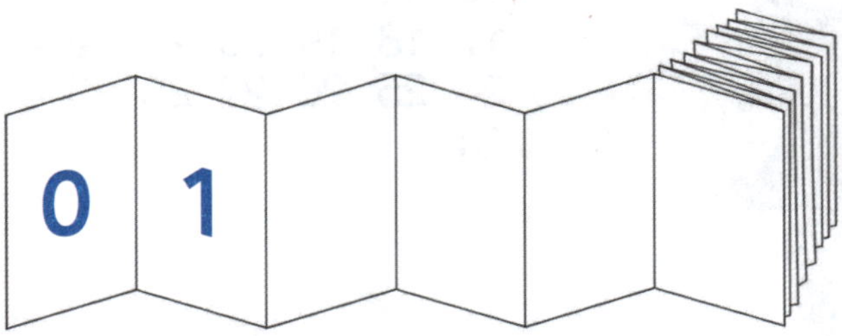

MÁRIO

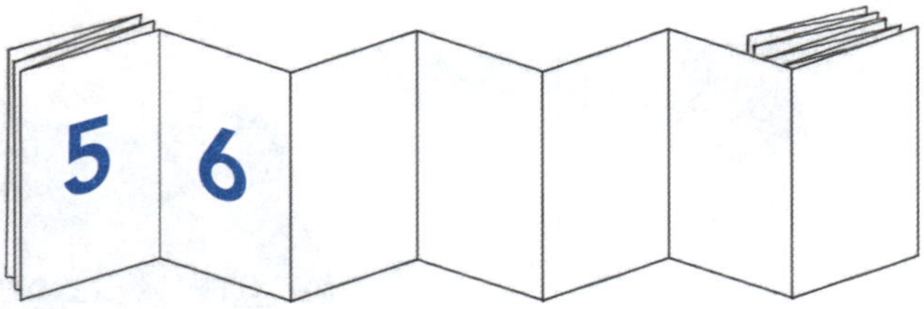

NATÁLIA

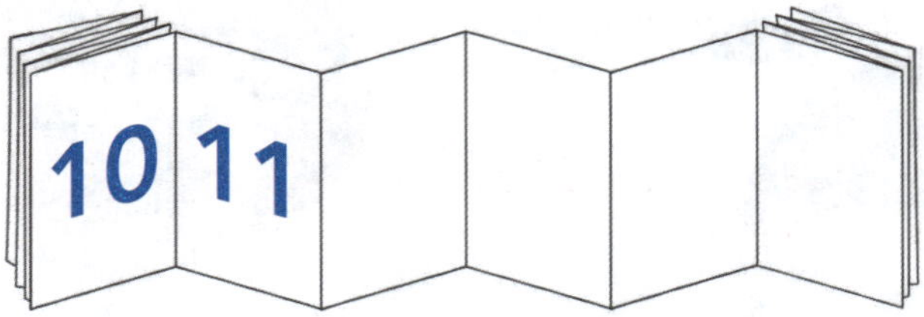

ROGÉRIO

2 O FOGUETE VAI SUBIR: ATENÇÃO PARA A CONTAGEM REGRESSIVA. CONTE "DE TRÁS PARA A FRENTE", DE **10 ATÉ 0** (ZERO), E BOA VIAGEM!

Edson Farias/Arquivo da editora

3 CONTE DE **1 EM 1** OBSERVANDO OS NÚMEROS DE **0** (ZERO) **ATÉ 20** (VINTE) NA **RETA NUMÉRICA**.

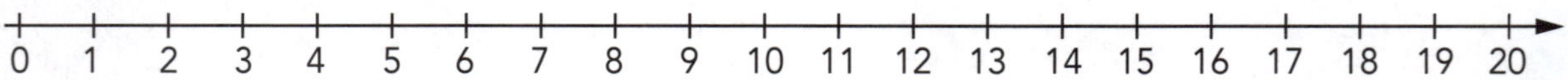

FAÇA SUA ESTIMATIVA

QUANTOS BOTÕES?

SUZANA É COSTUREIRA E USA BOTÕES BEM DIVERTIDOS NAS ROUPAS.

1 **OBSERVE A SEGUIR ALGUNS BOTÕES COLORIDOS QUE ELA TEM.**

NatalT/Shutterstock

A) SEM CONTAR OS BOTÕES, FAÇA UMA **ESTIMATIVA** E RESPONDA: QUANTOS BOTÕES DESSE TIPO VOCÊ ACHA QUE SUZANA TEM?

☐ MAIS DE 10 BOTÕES. ☐ MENOS DE 15 BOTÕES.

B) EXPLIQUE COM SUAS PALAVRAS COMO VOCÊ ESTIMOU.

2 **VEJA AGORA OS BOTÕES DE JOANINHA QUE SUZANA COMPROU.**

Ferblues/Shutterstock

A) **FAÇA UMA ESTIMATIVA** E MARQUE COM UM **X** QUANTOS BOTÕES DE JOANINHA VOCÊ ACHA QUE SUZANA COMPROU:

☐ MAIS DE 12 BOTÕES. ☐ MENOS DE 12 BOTÕES.

B) AGORA, CONTE OS BOTÕES E CONFIRA SUA ESTIMATIVA.

SUZANA COMPROU .... BOTÕES DE JOANINHA.

3 **QUAL TIPO DE BOTÃO SUZANA TEM EM MENOR QUANTIDADE: BOTÕES COLORIDOS OU BOTÕES DE JOANINHA?**

QUANTAS BOLHAS DE SABÃO?

JOSÉ, PAULO E RENATO ESTÃO SOPRANDO BOLHAS DE SABÃO.

Nid Arts/Arquivo da editora

JOSÉ PAULO RENATO

1 QUANTAS BOLHAS DE SABÃO CADA MENINO SOPROU? ESCREVA O NÚMERO NO QUADRO ABAIXO.

MENINO			
NÚMERO DE BOLHAS			

Nid Arts/Arquivo da editora

2 QUANTAS BOLHAS DE SABÃO OS MENINOS FIZERAM NO TOTAL? FAÇA UM REGISTRO PARA MOSTRAR COMO VOCÊ PENSOU PARA DESCOBRIR A RESPOSTA. VOCÊ TAMBÉM PODE USAR **MATERIAL DE CONTAGEM**.

RESPOSTA: ....

VOCÊ SEMPRE PODE USAR TAMPINHAS, PALITOS E OUTROS OBJETOS PARA REALIZAR CONTAGENS. EXPLIQUE AOS COLEGAS COMO VOCÊ FARIA PARA REALIZAR CONTAGENS USANDO ESSES MATERIAIS.

FORME UMA DUPLA PARA RESOLVER OS PROBLEMAS A SEGUIR. DEPOIS, REGISTRE COMO VOCÊS PENSARAM A SOLUÇÃO DE CADA PROBLEMA.

A COLEÇÃO DE DINOSSAUROS

FÁBIO TEM UMA COLEÇÃO DE DINOSSAUROS DE BRINQUEDO. ESTES SÃO OS DINOSSAUROS QUE FÁBIO JÁ TEM:

Nid Arts/Arquivo da editora

1 **HOJE, FÁBIO GANHOU OUTROS 3 DINOSSAUROS DE SEUS AMIGOS. E AGORA, QUANTOS DINOSSAUROS FÁBIO TEM EM SUA COLEÇÃO?**

RESPOSTA: ....

2 **FÁBIO VAI GANHAR OUTROS 4 DINOSSAUROS DE SUA AVÓ. QUANTOS DINOSSAUROS ELE TERÁ EM SUA COLEÇÃO?**

RESPOSTA: ....

O TEMPO PASSA...

OS MESES DO ANO

1 VOCÊ SABE O NOME DOS MESES DO ANO?

2 VOCÊ SABIA QUE O MÊS DE **JANEIRO** TEM **31** DIAS?
CONTE DE **1** ATÉ **31** EM VOZ ALTA.

3 OBSERVE OS QUADROS COM A SEQUÊNCIA DO NOME DOS MESES DO ANO. DEPOIS, COMPLETE COM O NÚMERO DE DIAS DE CADA MÊS.

MESES DO ANO		
NÚMERO DO MÊS	NOME DO MÊS	NÚMERO DE DIAS
1	JANEIRO	
2	FEVEREIRO	
3	MARÇO	
4	ABRIL	
5	MAIO	
6	JUNHO	

MESES DO ANO		
NÚMERO DO MÊS	NOME DO MÊS	NÚMERO DE DIAS
7	JULHO	
8	AGOSTO	
9	SETEMBRO	
10	OUTUBRO	
11	NOVEMBRO	
12	DEZEMBRO	

4 QUANTOS MESES HÁ EM **1 ANO**? ....

5 NOS QUADROS ACIMA, PINTE O NOME DOS MESES DE ACORDO COM A LEGENDA DE CORES:

MÊS COM O **MENOR** NÚMERO DE DIAS.

MESES COM EXATAMENTE 30 DIAS.

MESES COM 31 DIAS.

6 JULIANA FAZ ANIVERSÁRIO NO **ÚLTIMO MÊS** DO ANO. MARQUE COM UM **X** O MÊS EM QUE ELA FAZ ANIVERSÁRIO.

Thinkstock/Getty Images

- [ ] FEVEREIRO
- [ ] ABRIL
- [ ] DEZEMBRO
- [ ] SETEMBRO

7 EDUARDO FAZ ANIVERSÁRIO NO **SEGUNDO MÊS** DO ANO. MARQUE COM UM **X** O MÊS EM QUE ELE FAZ ANIVERSÁRIO.

- [ ] MARÇO
- [ ] JANEIRO
- [ ] FEVEREIRO

8 ESCREVA O NOME DE UM COLEGA E O MÊS EM QUE ELE FAZ ANIVERSÁRIO.

NOME DO COLEGA: ....

MÊS DO ANIVERSÁRIO: ....

9 TODOS OS DIAS, OS ALUNOS DA TURMA DE JULIANA ESCREVEM A **DATA** NO CADERNO. OBSERVE O QUE ELES ESCREVERAM HOJE:

Banco de imagens/Arquivo da editora

A) TROQUE IDEIAS COM OS COLEGAS SOBRE O QUE INDICA CADA UM DOS NÚMEROS COLORIDOS NA DATA.

B) ESCREVA A DATA DE SEU NASCIMENTO:

............/............/............

C) QUAL É O DIA, O MÊS E O ANO DO SEU NASCIMENTO?

CONSTRUÇÃO DE TABELAS

OS ANIVERSARIANTES DE CADA MÊS

1 OBSERVE OS CARTAZES E LEIA O NOME DE TODOS OS ANIVERSARIANTES DE CADA MÊS NA TURMA DE ISABEL. DEPOIS, COMPLETE A TABELA.

JANEIRO	FEVEREIRO	MARÇO	ABRIL	MAIO	JUNHO
CAIO SOFIA MARIA	RUI ELAINE	ISABEL		ANDRÉ LUCIANO	LETÍCIA

Ilustrações: Alexandre Benites/ Arquivo da editora

NÚMERO DE ANIVERSARIANTES DE CADA MÊS NA TURMA DE ISABEL

MÊS	NÚMERO DE ANIVERSARIANTES
JANEIRO	
FEVEREIRO	
MARÇO	
ABRIL	
MAIO	
JUNHO	
JULHO	
AGOSTO	
SETEMBRO	
OUTUBRO	
NOVEMBRO	
DEZEMBRO	

FONTE: ALUNOS DA TURMA DE ISABEL (DADOS FICTÍCIOS).

Ilustrações: Alexandre Benites/ Arquivo da editora

JULHO	AGOSTO	SETEMBRO	OUTUBRO	NOVEMBRO	DEZEMBRO
RENAN		GUSTAVO	ANA	PATRÍCIA	EDUARDO
LUIZ		JÚLIA	CAMILA	LEONARDO	OSVALDO
ALAN			MÁRCIA		RICARDO
			FELIPE		CAROLINA

2 **PINTE, NA TABELA DA PÁGINA ANTERIOR, O NOME DE ALGUNS MESES DE ACORDO COM A LEGENDA DE CORES:**

MÊS EM QUE NÃO HÁ ANIVERSARIANTE.

MÊS COM APENAS 1 ANIVERSARIANTE.

MÊS COM 3 ANIVERSARIANTES.

Ilustrações: Alexandre Benites/ Arquivo da editora

3 **AGORA, RESPONDA:**

A) QUANTOS ANIVERSARIANTES HÁ NO MÊS DE JULHO? ....

B) QUANTOS ALUNOS HÁ NA TURMA DE ISABEL? ....

4 **ESCREVA O NÚMERO DE MENINAS E O DE MENINOS DA TURMA DE ISABEL.**

MENINAS: .... MENINOS: ....

5 **ISABEL NASCEU NO DIA 15 DE MARÇO DE 2013 (DOIS MIL E TREZE). COMPLETE A DATA DO NASCIMENTO DE ISABEL:**

15/........../2013

ANIVERSARIANTES DA SUA TURMA

1 VOCÊ E SEUS COLEGAS TAMBÉM PODEM FAZER CARTAZES COM O NOME DOS ANIVERSARIANTES DE CADA MÊS DA SUA TURMA.

JANEIRO	FEVEREIRO	MARÇO	ABRIL	MAIO	JUNHO

2 CONTE E ESCREVA NA TABELA A SEGUIR O NÚMERO DE ANIVERSARIANTES DE CADA MÊS.

NÚMERO DE ANIVERSARIANTES DE CADA MÊS

ALUNOS DO 1º ANO ....

MÊS	NÚMERO DE ANIVERSARIANTES	MÊS	NÚMERO DE ANIVERSARIANTES
JANEIRO		JULHO	
FEVEREIRO		AGOSTO	
MARÇO		SETEMBRO	
ABRIL		OUTUBRO	
MAIO		NOVEMBRO	
JUNHO		DEZEMBRO	

Ilustrações: Alexandre Benites/

FONTE: ALUNOS DO 1º ANO ....

JULHO	AGOSTO	SETEMBRO	OUTUBRO	NOVEMBRO	DEZEMBRO

3 OBSERVE A TABELA DA PÁGINA ANTERIOR PARA RESPONDER:

A) QUANTOS ANIVERSARIANTES HÁ NO MÊS DE FEVEREIRO?

B) EM QUAIS MESES QUE NÃO HÁ ANIVERSARIANTE?

C) QUAL É O MÊS QUE TEM MAIS ANIVERSARIANTES NA SUA TURMA?

D) QUANTOS ALUNOS FAZEM ANIVERSÁRIO NO MESMO MÊS QUE VOCÊ?

VAMOS FALAR SOBRE...

UMA MANEIRA DE PRESENTEAR

RONALDO QUER DAR UM PRESENTE DE ANIVERSÁRIO PARA SUA AMIGA MARIA. MAS ELE NÃO QUER COMPRAR UM PRESENTE E ESTÁ PENSANDO EM ALGUMA COISA QUE CONSIGA FAZER PARA ELA!

1. QUE SUGESTÕES VOCÊ DARIA PARA RONALDO?
2. QUE PRESENTE ELE PODERIA DAR PARA MARIA?

PROBLEMATECA

ESQUECI O LANCHE!

NA ESCOLA DE BETE, OS ALUNOS LEVAM LANCHE DE CASA PARA COMER NA HORA DO RECREIO. MAS HOJE O PAI DE BETE SE ESQUECEU DE COLOCAR O LANCHE NA LANCHEIRA.

Nid Arts/Arquivo da editora

1 **O QUE VOCÊ FARIA SE FOSSE COLEGA DE BETE? COMO RESOLVERIA ESSE PROBLEMA?**

AUTOAVALIAÇÃO

O QUE VOCÊ APRENDEU NA **UNIDADE 3**?
MARQUE COM UM **X** A CARINHA QUE MELHOR INDICA A SUA RESPOSTA.

1. EU SEI FAZER CONTAGENS, LER E ESCREVER NÚMEROS ATÉ 30?			
2. EU SEI RESOLVER PROBLEMAS JUNTANDO QUANTIDADES?			
3. EU SEI O NOME DOS MESES DO ANO?			
4. EU SEI COMPLETAR A TABELA DOS ANIVERSARIANTES DA MINHA TURMA?			

SUGESTÕES

PARA LER

- **O TEMPO**, DE IVO MINKOVICIUS, EDITORA CULTURA.

  DIAS, SEMANAS, MESES, ANOS... O TEMPO PASSA SEM PARAR! NESTE LIVRO VOCÊ VAI VER COMO É POSSÍVEL REGISTRAR TUDO O QUE ACONTECE EM RELAÇÃO AO TEMPO.

Reprodução/Editora Cultura

- **HISTÓRIAS DE CONTAR**, DE ANA PAULA PEROVANO, EDITORA GLOBO.

  "O CACO FAZ MALABARISMOS JOGANDO 3 BOLAS PARA O AR. SE QUISER USAR MAIS 3, QUANTAS BOLAS VÃO ROLAR?" NESTE LIVRO, HÁ ESSA E MUITAS OUTRAS CHARADAS COM NÚMEROS PARA DESVENDAR SOZINHO OU COM AMIGOS.

Reprodução/Editora Globo

UNIDADE

4 FIGURAS GEOMÉTRICAS

NESTA UNIDADE VOCÊ VAI:

- USAR UMA TABELA PARA CONSTRUIR UM GRÁFICO.
- IDENTIFICAR OBJETOS QUE LEMBRAM O CUBO E O BLOCO RETANGULAR.
- FAZER UM PAINEL DE CARIMBOS QUE LEMBRAM FIGURAS GEOMÉTRICAS.
- DESCOBRIR E CRIAR UMA REGRA PARA DESENHAR UMA SEQUÊNCIA DE FIGURAS.
- CONHECER UM POUCO A ARTE INDÍGENA BRASILEIRA.

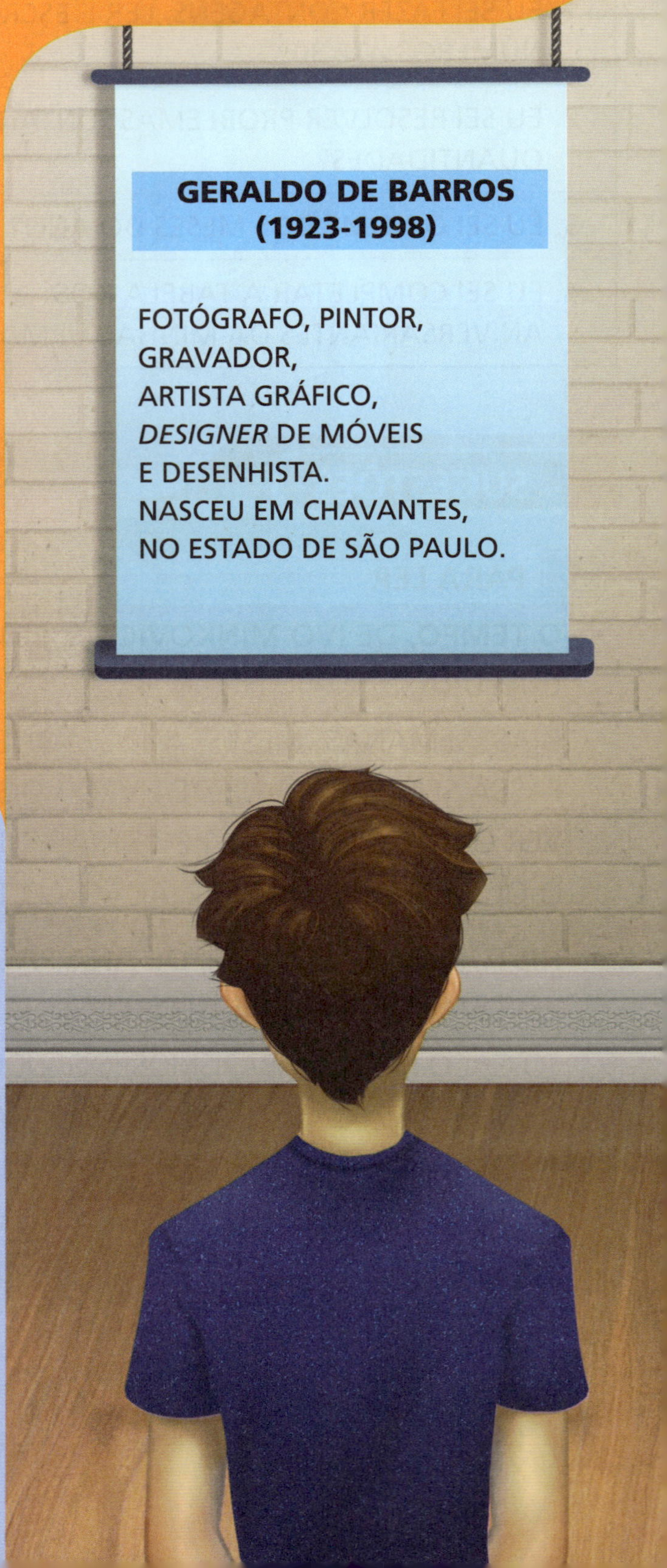

VAMOS COMEÇAR...

OBSERVE A CENA E CONVERSE COM OS COLEGAS PARA RESPONDER ÀS PERGUNTAS.

1. QUAL FIGURA GEOMÉTRICA VOCÊ IDENTIFICA NA TELA?
2. VOCÊ CONHECE OUTRAS FIGURAS GEOMÉTRICAS? QUAIS?
3. VOCÊ CONHECE OUTROS OBJETOS OU DESENHOS QUE LEMBRAM FIGURAS GEOMÉTRICAS? QUAIS?

CONCRETO, 1953, DE GERALDO DE BARROS. ESMALTE SOBRE MADEIRA. 49 cm × 71 cm.

Bridgeman/Keystone/Museum of Fine Arts, Houston, Texas, USA.

Bruna Sanches Welter/Arquivo da editora

TABELAS E GRÁFICOS

CAIXINHAS DE SUCO

A TURMA DE THIAGO ESTÁ CONVERSANDO SOBRE RECICLAGEM DE LIXO.

Nid Arts/Arquivo da editora

THIAGO MARCOU EM UMA TABELA UM TRACINHO PARA CADA CAIXINHA DE SUCO DO LANCHE COLETADA NESTA SEMANA.

1 COMPLETE A TABELA:

CAIXINHAS DE SUCO COLETADAS POR DIA		
DIA	MARCAÇÃO COM TRACINHOS	NÚMERO DE CAIXINHAS
SEGUNDA-FEIRA	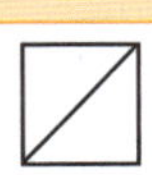	
TERÇA-FEIRA		
QUARTA-FEIRA		
QUINTA-FEIRA		
SEXTA-FEIRA		

FONTE: ALUNOS DA TURMA DE THIAGO (DADOS FICTÍCIOS).

Nid Arts/Arquivo da editora

2 PINTE UM ☐ PARA CADA CAIXINHA DE SUCO QUE OS ALUNOS CONSEGUIRAM JUNTAR POR DIA.

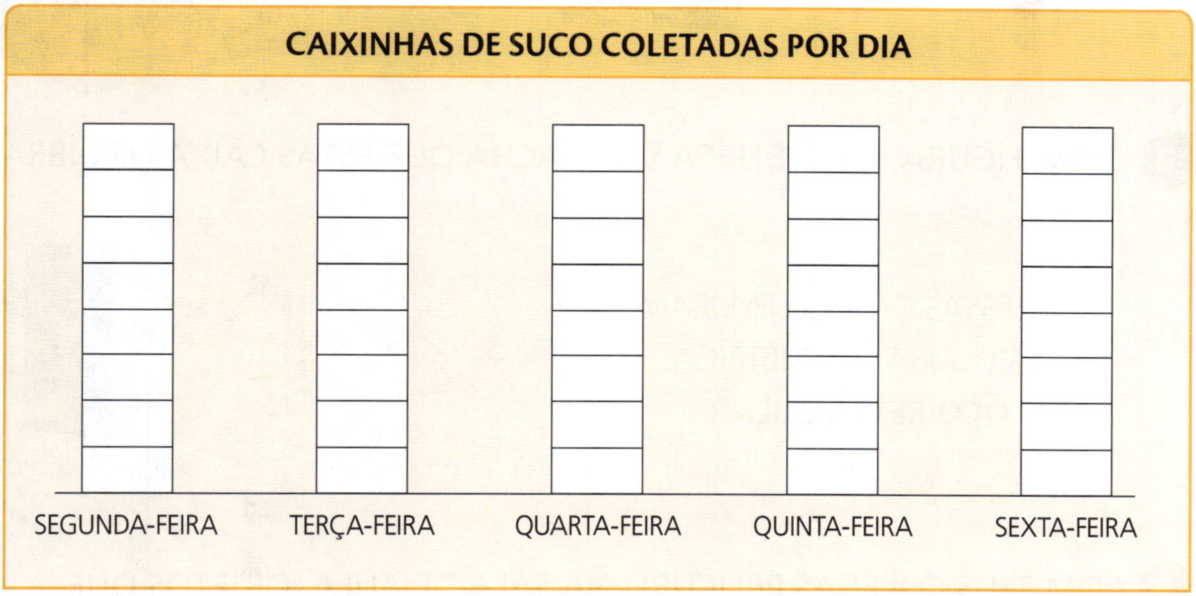

Banco de imagens/Arquivo da editora

FONTE: ALUNOS DA TURMA DE THIAGO (DADOS FICTÍCIOS).

3 OBSERVE O GRÁFICO ACIMA E RESPONDA:

A) QUAL É O TÍTULO DO GRÁFICO?

B) EM QUAL DIA OS ALUNOS JUNTARAM MAIS CAIXINHAS DE SUCO?

C) QUANTAS CAIXINHAS FORAM RECOLHIDAS ATÉ TERÇA-FEIRA?

....

D) QUANTAS CAIXINHAS ELES CONSEGUIRAM JUNTAR ATÉ SEXTA-FEIRA?

....

O QUE VOCÊ ACHA QUE OS ALUNOS DA TURMA DE THIAGO PODEM FAZER PARA REAPROVEITAR AS CAIXINHAS DE SUCO? TROQUE IDEIAS COM SEUS COLEGAS E DÊ UMA SUGESTÃO.

FIGURAS GEOMÉTRICAS

BLOCO RETANGULAR E CUBO

ELEMENTOS NÃO PROPORCIONAIS ENTRE SI.

1 OBSERVE A SEGUIR MAIS ALGUMAS FOTOGRAFIAS DE CAIXAS.

Fernando Favoretto/Criar Imagem

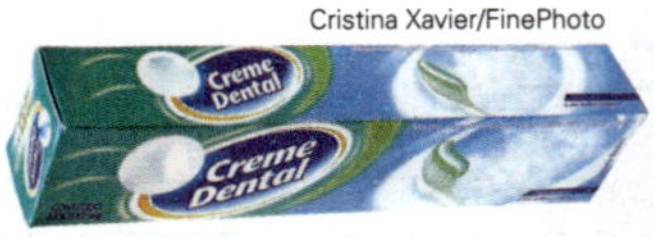

Cristina Xavier/FinePhoto

Pavel Hlystov/Shutterstock

2 QUAL FIGURA GEOMÉTRICA VOCÊ ACHA QUE ESSAS CAIXAS LEMBRAM?

ESSAS CAIXAS LEMBRAM UMA FIGURA GEOMÉTRICA: O **BLOCO RETANGULAR**.

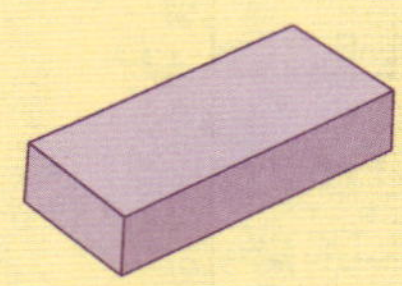

Banco de imagens/Arquivo da editora

REPRESENTAÇÃO DE UM BLOCO RETANGULAR.

Fishman64/Shutterstock

PEÇA DE MADEIRA.

3 COM SEUS COLEGAS PROCURE, NA SALA DE AULA, OBJETOS QUE LEMBREM O **BLOCO RETANGULAR**. DEPOIS, FAÇA UM DESENHO DESSES OBJETOS.

4 OBSERVE A FOTOGRAFIA AO LADO.

Alamy/Glow Images

AGORA, RESPONDA: ESSE BRINQUEDO LEMBRA ALGUMA FIGURA GEOMÉTRICA QUE VOCÊ CONHECE?

ESSE BRINQUEDO LEMBRA UMA FIGURA GEOMÉTRICA: O **CUBO**.

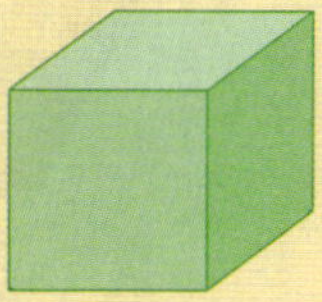
Banco de imagens/Arquivo da editora

REPRESENTAÇÃO DE UM CUBO.

Cristina Xavier/FinePhoto

PEÇA DE MADEIRA.

5 COM SEUS COLEGAS PROCURE, NA SALA DE AULA, OBJETOS QUE LEMBREM O **CUBO**. DEPOIS, FAÇA UM DESENHO DESSES OBJETOS.

6 O QUE VOCÊ PERCEBE EM COMUM ENTRE O BLOCO RETANGULAR E O CUBO? O QUE VOCÊ PERCEBE DE DIFERENTE ENTRE ESSAS FIGURAS GEOMÉTRICAS?

REUTILIZANDO CAIXAS VAZIAS

A TURMA DE THIAGO DECIDIU JUNTAR TAMBÉM OUTRAS CAIXAS VAZIAS PARA FAZER VÁRIOS BRINQUEDOS E OBJETOS.

ELEMENTOS NÃO PROPORCIONAIS ENTRE SI.

1 OBSERVE:

Sergio Dotta Jr./Arquivo da editora

BONECO NINJA.

Fernando Favoretto/Criar Imagem

PORTA-LÁPIS.

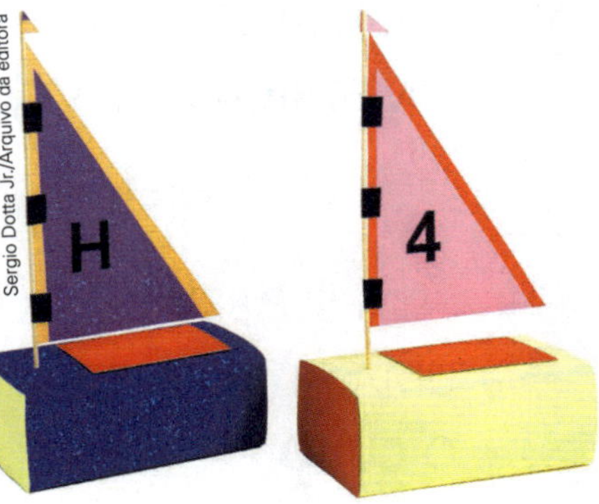

Sergio Dotta Jr./Arquivo da editora

BARCOS A VELA.

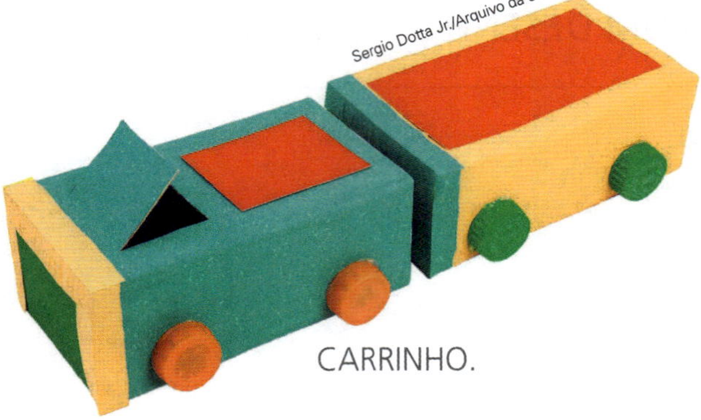

Sergio Dotta Jr./Arquivo da editora

CARRINHO.

Sergio Dotta Jr./Arquivo da editora

VASOS DE FLORES.

VAMOS FALAR SOBRE...

REAPROVEITAMENTO DE EMBALAGENS

CONVERSE COM SEUS COLEGAS SOBRE COMO AS PESSOAS PODEM REUTILIZAR EMBALAGENS VAZIAS.

1. DE QUE MANEIRA ESSA ATITUDE PODE AJUDAR AS PESSOAS?
2. DE QUE MANEIRA ESSA ATITUDE PODE AJUDAR A CUIDAR DO MEIO AMBIENTE?

CONSTRUÇÃO COM MASSINHA

VAMOS USAR MASSINHA DE MODELAR PARA CONSTRUIR PEÇAS QUE LEMBREM **BLOCOS RETANGULARES** E **CUBOS**. VOCÊ E SUA TURMA PODEM USAR UMA RECEITA CASEIRA PARA FAZER A MASSINHA.

1 VEJA UMA RECEITA QUE PODE SER USADA.

MASSINHA DE MODELAR

INGREDIENTES:

- 4 XÍCARAS DE FARINHA DE TRIGO
- 1 XÍCARA DE SAL DE COZINHA
- 1 COLHER DE SOPA DE VINAGRE
- 2 COLHERES DE SOPA DE ÓLEO
- 1 XÍCARA E MEIA DE ÁGUA
- CORANTE DE ALIMENTOS

Sergio Dotta Jr./Arquivo da editora

MODO DE FAZER:

MISTURE BEM TODOS OS INGREDIENTES EM UMA BACIA OU TIGELA.

2 PEGUE UMA PORÇÃO DE MASSINHA E CONSTRUA UMA PEÇA QUE LEMBRE UM **BLOCO RETANGULAR**.

Maksim Mazur/Shutterstock

ELEMENTOS NÃO PROPORCIONAIS ENTRE SI.

3 AGORA, CONSTRUA UMA PEÇA QUE LEMBRE UM **CUBO**.

DoublePHOTO studio/Shutterstock

4 COMPARE AS PEÇAS QUE VOCÊ CONSTRUIU. O QUE VOCÊ PODE DIZER SOBRE AS FIGURAS GEOMÉTRICAS REPRESENTADAS POR ESSAS PEÇAS?

PAINEL DE CARIMBOS

CLARA ESTÁ BRINCANDO COM PEÇAS DE MADEIRA.

ELA PASSA TINTA EM UMA DAS PARTES DAS PEÇAS E CARIMBA EM UM PAPEL.

Thinkstock/Getty Images

Alamy/Glow Images

Thinkstock/Getty Images

Alamy/Glow Images

1 OBSERVE O PAINEL QUE CLARA FEZ.

Banco de imagens/Arquivo da editora

2 AS MARCAS DOS CARIMBOS NO PAINEL LEMBRAM FIGURAS GEOMÉTRICAS PLANAS. VOCÊ SABE O NOME DESSAS FIGURAS?

AS FIGURAS **AZUIS** DO PAINEL LEMBRAM **CÍRCULOS**.
AS FIGURAS **VERMELHAS** LEMBRAM **TRIÂNGULOS**.

3 OS CARIMBOS **ROXOS** LEMBRAM QUAL FIGURA GEOMÉTRICA?

4 OS CARIMBOS **VERDES** LEMBRAM QUAL FIGURA GEOMÉTRICA?

GOSTOU DA IDEIA DE CLARA? VOCÊ E SEUS COLEGAS PODEM FAZER UM PAINEL DE CARIMBOS QUE LEMBREM FIGURAS GEOMÉTRICAS PLANAS.

DESENHOS COM FIGURAS GEOMÉTRICAS

1 COMPLETE O QUADRO COM A QUANTIDADE DE CADA FIGURA GEOMÉTRICA REPRESENTADA NO DESENHO DO CAMINHÃO.

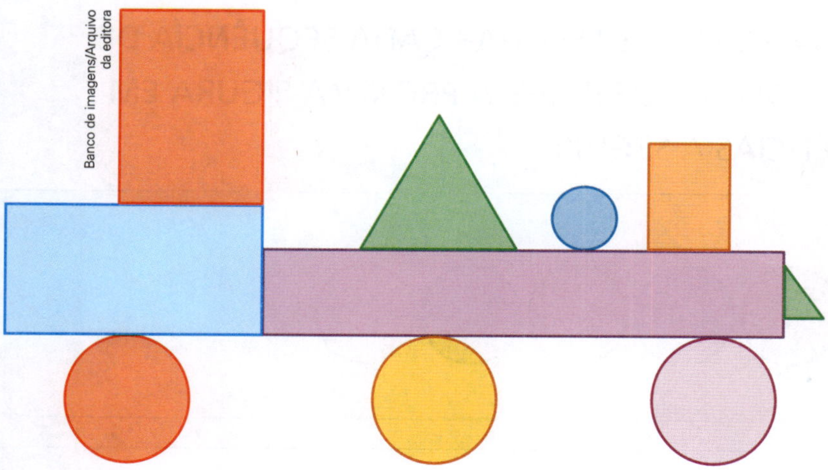

Banco de imagens/Arquivo da editora

RETÂNGULO	
TRIÂNGULO	
CÍRCULO	

2 PINTE O DESENHO ABAIXO DE ACORDO COM A LEGENDA DE CORES:

QUADRADO.

TRIÂNGULO.

RETÂNGULO.

CÍRCULO.

Banco de imagens/Arquivo da editora

PADRÕES GEOMÉTRICOS

QUAL É A REGRA?

1 DESCUBRA A REGRA USADA PARA DESENHAR CADA SEQUÊNCIA DE FIGURAS GEOMÉTRICAS. DEPOIS, DESENHE A PRÓXIMA FIGURA EM CADA UMA DAS SEQUÊNCIAS A SEGUIR.

Banco de imagens/ Arquivo da editora

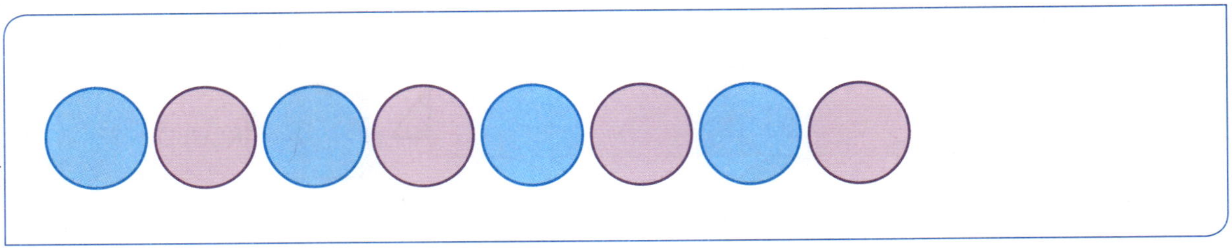

Banco de imagens/ Arquivo da editora

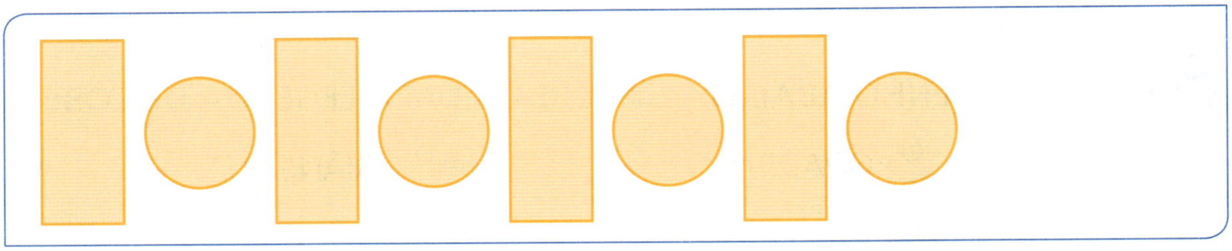

Banco de imagens/ Arquivo da editora

2 ESCOLHA DUAS FIGURAS GEOMÉTRICAS PLANAS. DEPOIS, CRIE UMA REGRA PARA DESENHAR UMA SEQUÊNCIA DE FIGURAS GEOMÉTRICAS USANDO AS FIGURAS QUE VOCÊ ESCOLHEU.

A) DESENHE A SUA SEQUÊNCIA ABAIXO.

B) AGORA, PEÇA A UM COLEGA QUE DESENHE A PRÓXIMA FIGURA DA SUA SEQUÊNCIA.

OS TAPETES GEOMÉTRICOS

1 OBSERVE A FOTOGRAFIA DE UM TAPETE.

Alamy/Glow Images

2 A SEQUÊNCIA DE CORES DO TAPETE SEGUE UMA REGRA, OU UM PADRÃO. QUAL É ESSE PADRÃO?

3 AGORA, PENSE EM UM PADRÃO COM **TRÊS CORES DIFERENTES** PARA CRIAR UM TAPETE E PINTE O DESENHO ABAIXO.

Banco de imagens/Arquivo da editora

4 PEÇA A UM COLEGA QUE EXPLIQUE O **PADRÃO** QUE VOCÊ CRIOU AO PINTAR O DESENHO.

A ARTE INDÍGENA BRASILEIRA

VOCÊ CONHECE ALGUMA PRODUÇÃO ARTÍSTICA DE POVOS INDÍGENAS DO BRASIL? OS INDÍGENAS UTILIZAM MATERIAIS NATURAIS, COMO SEMENTES, FIBRAS, CIPÓS, FRUTOS, ENTRE OUTROS, PARA CRIAR UTENSÍLIOS DE TRABALHO E OBJETOS DE ARTE.

VAMOS CONHECER UM POUCO DESSA ARTE!

PINTURA CORPORAL

OS INDÍGENAS PINTAM O CORPO PARA MOSTRAR A QUAL POVO INDÍGENA PERTENCEM E PARA SE EMBELEZAR.

Luciola Zvarick/Pulsar Imagens

INDÍGENA KRAHÔ, DO TOCANTINS, PINTADA PARA CELEBRAR O FIM DA ESTAÇÃO CHUVOSA.

Luis Salvatore/Pulsar Imagens

INDÍGENA DO POVO YAWALAPITI PINTANDO O CORPO.

ALÉM DISSO, A PINTURA DO CORPO É UMA MANEIRA DE SE PREPARAR PARA OCASIÕES ESPECIAIS, COMO NASCIMENTOS, GUERRAS, RITOS, ENTRE OUTRAS.

ELES UTILIZAM TINTAS NATURAIS EXTRAÍDAS DE FRUTOS OU SEMENTES DE PLANTAS, COMO O **JENIPAPO** E O **URUCUM**.

JENIPAPO

Jaboticaba Fotos/Shutterstock

URUCUM

rodrigobark/Shutterstock

ELEMENTOS NÃO PROPORCIONAIS ENTRE SI.

Rita Barreto/Fotoarena

CESTARIA

OS POVOS INDÍGENAS PRODUZEM CESTOS DOS MAIS VARIADOS TIPOS TRANÇANDO FIBRAS VEGETAIS. EM GERAL, OS CESTOS SERVEM PARA TRANSPORTAR OU GUARDAR ALIMENTOS.

CESTA DE PALHA DA ETNIA KUIKURO, DE MATO GROSSO.

CESTOS DOS INDÍGENAS BANIWA, DO AMAZONAS.

Ismar Ingber/Pulsar Imagens

OBSERVE O **TRANÇADO DAS FIBRAS**.

CERÂMICA

ALGUMAS CERÂMICAS PRODUZIDAS PELOS INDÍGENAS SÃO USADAS PARA ARMAZENAR ÁGUA E ALIMENTOS.

Rita Barreto/Fotoarena

ELES TAMBÉM ENFEITAM ESSES UTENSÍLIOS COM **DESENHOS**.

CERÂMICA DA ETNIA ASSURINI, DO PARÁ.

FONTE DAS INFORMAÇÕES: MARTINS, ALBERTO; KOK, GLÓRIA. ROTEIROS VISUAIS NO BRASIL: ARTES INDÍGENAS. 1. ED. SÃO PAULO: CLARO ENIGMA, 2014; FUNARTE. ARTE E CORPO: PINTURA SOBRE A PELE E ADORNOS DE POVOS INDÍGENAS BRASILEIROS. RIO DE JANEIRO: INAP, 1985.

1. VOCÊ PERCEBE ALGUM PADRÃO NO DESENHO NO CORPO DA JOVEM DO POVO KRAHÔ?

2. COMO SÃO AS LINHAS E OS DESENHOS DOS TRANÇADOS DOS CESTOS?

PROBLEMATECA

OLHO VIVO!

FORME UMA DUPLA PARA RESOLVER ESTA **PROBLEMATECA**.

HOJE, NA AULA DE ARTE, CADA ALUNO DO 1º ANO FEZ UMA COLAGEM COM PAPÉIS QUADRADOS, RETANGULARES, CIRCULARES E TRIANGULARES.

1 **OBSERVE AO LADO A CRIAÇÃO ARTÍSTICA DE MANOEL.**

Nid Arts/Arquivo da editora

2 **INDIQUE QUANTOS PAPÉIS DE CADA TIPO MANOEL COLOU SOBRE A CARTOLINA PRETA PARA FAZER UMA CRIAÇÃO ARTÍSTICA.**

PAPÉIS QUADRADOS: .... PAPÉIS TRIANGULARES: ....

PAPÉIS RETANGULARES: .... PAPÉIS CIRCULARES: ....

3 **VEJA A CRIAÇÃO ARTÍSTICA DE TALITA:**

Nid Arts/Arquivo da editora

A) OS PAPÉIS QUE TALITA COLOU NA CARTOLINA LEMBRAM QUAL FIGURA GEOMÉTRICA PLANA?

B) TALITA PENSOU EM REGRAS PARA RECORTAR E COLAR OS PAPÉIS. QUAL REGRA VOCÊ ACHA QUE ELA USOU PARA FAZER ESSA COMPOSIÇÃO?

AUTOAVALIAÇÃO

O QUE VOCÊ APRENDEU NA **UNIDADE 4**?
MARQUE COM UM **X** A CARINHA QUE MELHOR INDICA A SUA RESPOSTA.

1. EU SEI LER O GRÁFICO SOBRE AS CAIXINHAS DE SUCO?			
2. EU SEI RECONHECER OBJETOS QUE LEMBRAM UM BLOCO RETANGULAR E OBJETOS QUE LEMBRAM UM CUBO?			
3. EU SEI IDENTIFICAR CÍRCULOS, QUADRADOS, RETÂNGULOS E TRIÂNGULOS?			
4. EU SEI DIZER QUAL É A REGRA DE UMA SEQUÊNCIA COM FIGURAS GEOMÉTRICAS?			

SUGESTÕES

PARA LER

- **FUGINDO DAS GARRAS DO GATO**, DE CHOI YUN-JEONG E KIM SUN-YEONG, EDITORA CALLIS.
  UM GATO MUITO MALVADO ANDA AMEAÇANDO UM GRUPO DE RATINHOS QUE VIVE EM UM CELEIRO. ENTÃO, CADA RATINHO PENSA EM UMA IDEIA PARA SE DEFENDER. QUAL DELAS SERÁ A MELHOR?

Reprodução/Editora Callis

- **BRINCANDO COM DOBRADURAS**, DE THEREZA CHEMELLO, EDITORA GLOBAL.
  VOCÊ JÁ IMAGINOU CRIAR PÁSSAROS, ELEFANTES, CACHORROS, CERCA DE FAZENDA, NAVIOS E MUITAS OUTRAS FIGURAS, FAZENDO DOBRADURAS, RECORTES E COLAGENS? LEIA ESTE LIVRO E SOLTE SUA IMAGINAÇÃO!

Reprodução/Editora Global

UNIDADE

5 COMPARAR COMPRIMENTOS, BRINCAR E CONTAR

NESTA UNIDADE VOCÊ VAI:

- COMPARAR COMPRIMENTOS.
- LER, ESCREVER E COMPARAR NÚMEROS ATÉ 50.
- IDENTIFICAR A MÃO DIREITA E A MÃO ESQUERDA DE UM COLEGA.
- PESQUISAR QUANTOS ALUNOS DESTROS E QUANTOS ALUNOS CANHOTOS HÁ NA SUA TURMA.

VAMOS COMEÇAR...

OBSERVE A CENA PARA RESPONDER ÀS PERGUNTAS.

1. QUANTOS VESTIDOS VOCÊ CONSEGUE VER NA VITRINE DA LOJA DE ROUPAS? QUAL DELES É O MAIS CURTO?
2. EM QUAIS SITUAÇÕES DO DIA A DIA COSTUMAMOS DIZER QUE UM OBJETO É MAIS CURTO QUE OUTRO?
3. ONDE VOCÊ MORA HÁ SINAL E FAIXA DE PEDESTRES NOS CRUZAMENTOS?

ESCOLAR
Bruna Sanches Welter/Arquivo da editora

MEDIDA DE COMPRIMENTO

CURTO, COMPRIDO, ALTO, BAIXO

1 MARQUE COM UM **X** O PINCEL **MAIS COMPRIDO**.

Lie Kobayashi/Arquivo da editora

2 TRACE UMA LINHA RETA **MAIS CURTA** DO QUE A LINHA **AZUL**.

3 TRACE UMA LINHA RETA DO **MESMO COMPRIMENTO** DO QUE A LINHA **VERDE**.

4 TRACE UMA LINHA RETA NO ESPAÇO ABAIXO. DEPOIS, PEÇA A UM COLEGA QUE TRACE UMA LINHA RETA **MAIS COMPRIDA** DO QUE A TRAÇADA POR VOCÊ.

5 DESENHE UMA ÁRVORE **MAIS BAIXA** DO QUE A ÁRVORE DA ILUSTRAÇÃO.

Alexandre Benites/Arquivo da editora

6 COMPARE E ORDENE OS ROBÔS ESCREVENDO OS NÚMEROS DE **1** A **4**, DO **MAIS BAIXO** PARA O **MAIS ALTO**.

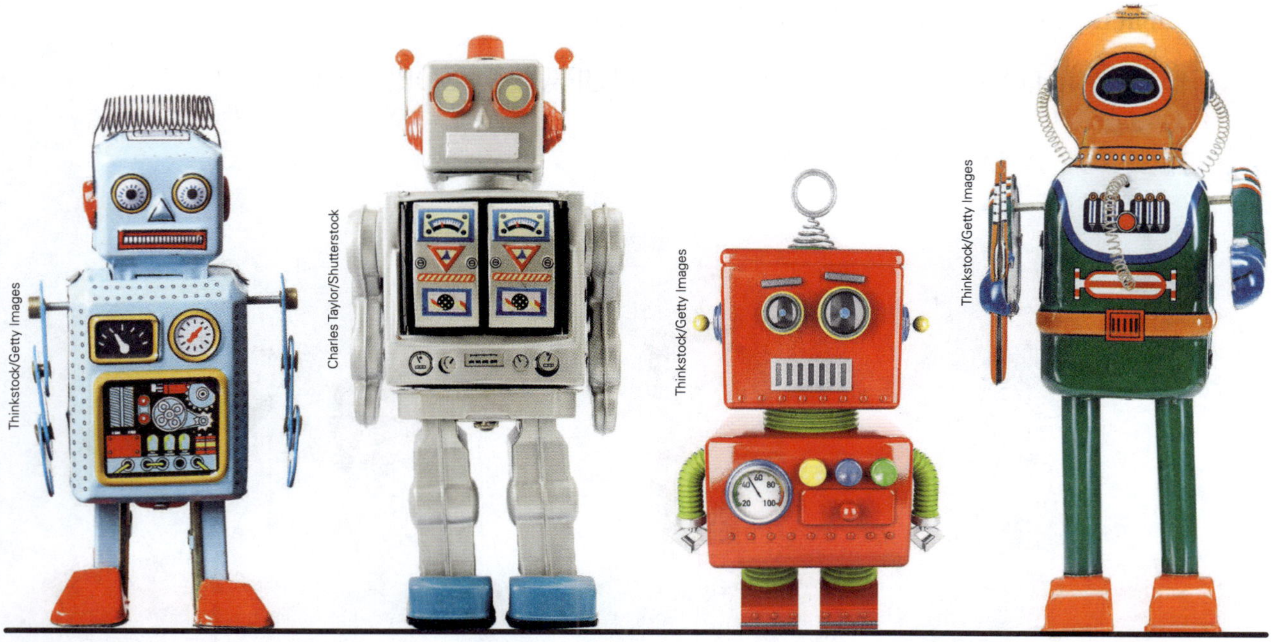

Thinkstock/Getty Images
Charles Taylor/Shutterstock
Thinkstock/Getty Images
Thinkstock/Getty Images

7 PINTE AS ROSAS DE ACORDO COM AS PISTAS.

O CAULE DA ROSA  É O **MAIS CURTO**.

OS CAULES DAS ROSAS  E  TÊM O **MESMO COMPRIMENTO**.

O CAULE DA ROSA  É O **MAIS COMPRIDO**.

Ilustrações: Nid Arts/Arquivo da editora

COMPARANDO ALTURAS

NAS FÉRIAS DE JULHO, LETÍCIA, RENAN E ISABELA FORAM VISITAR TIA LEONILDA, QUE MORA NO RIO DE JANEIRO.

TIA LEONILDA DECIDIU CONFERIR A ALTURA DOS SOBRINHOS.

1 **OBSERVE A CENA ABAIXO.**

Nid Arts/Arquivo da editora

LETÍCIA RENAN ISABELA

MARQUE COM UM X O NOME DA CRIANÇA QUE ERA MAIS BAIXA NAS FÉRIAS DE JULHO.

☐ LETÍCIA ☐ RENAN ☐ ISABELA

2 **LEIA AS FRASES ABAIXO E COMPLETE COM O NOME DAS CRIANÇAS.**

A) .... É MAIS ALTA DO QUE ISABELA E MAIS BAIXA DO QUE RENAN.

B) .... É MAIS ALTO DO QUE LETÍCIA E MAIS ALTO DO QUE ISABELA.

C) .... É MAIS BAIXA DO QUE LETÍCIA E MAIS BAIXA DO QUE RENAN.

3 **DEPOIS DE 2 ANOS, OS SOBRINHOS VOLTARAM À CASA DA TIA LEONILDA. ELA CONFERIU NOVAMENTE A ALTURA DELES.**

Nid Arts/Arquivo da editora

LETÍCIA RENAN ISABELA

OBSERVE AS LINHAS TRACEJADAS **VERMELHAS** E **AZUIS**. DEPOIS DE 2 ANOS, O QUE MUDOU NA ALTURA DE CADA CRIANÇA?

4 **DEPOIS DE 2 ANOS, QUEM ERA MAIS ALTO? MARQUE COM UM X.**

☐ LETÍCIA ☐ RENAN ☐ ISABELA

5 **LEIA AS FRASES ABAIXO E COMPLETE COM O NOME DAS CRIANÇAS.**

A) .... CRESCEU E AGORA É MAIS ALTA DO QUE ISABELA E MAIS ALTA DO QUE RENAN.

B) DEPOIS DE 2 ANOS, ... É MAIS BAIXO DO QUE LETÍCIA E MAIS ALTO DO QUE ISABELA.

C) .... CONTINUA MAIS BAIXA DO QUE LETÍCIA E MAIS BAIXA DO QUE RENAN.

VOCÊ E SUA TURMA PODEM FAZER UM PAINEL MOSTRANDO A ALTURA DE CADA UM DE VOCÊS.

PROBLEMATECA

BARBANTES COLORIDOS

LAURA FEZ A PRIMEIRA LETRA DO SEU NOME E UM CORAÇÃO COM BARBANTES COLORIDOS.

Alexandre Benites/Arquivo da editora

1 FAÇA UMA ESTIMATIVA E RESPONDA: QUAL É O BARBANTE MAIS COMPRIDO QUE LAURA USOU, O **VERMELHO** OU O **AZUL**?

2 FORME UMA DUPLA PARA RESPONDER: COMO VOCÊS FARIAM PARA CONFERIR QUAL É O BARBANTE MAIS COMPRIDO?

CONTAR E REGISTRAR

O CALENDÁRIO DE MAIO

1 COMPLETE O CALENDÁRIO COM OS DIAS QUE FALTAM.

Banco de imagens/Arquivo da editora

MAIO – 2019

DOMINGO	SEGUNDA-FEIRA	TERÇA-FEIRA	QUARTA-FEIRA	QUINTA-FEIRA	SEXTA-FEIRA	SÁBADO
			1	2		4
5	6		8	9	10	11
12		14			17	18
19	20	21	22			25
26				30	31	

2 QUANTOS DIAS TEM O MÊS DE MAIO? ....

3 A DATA DO NASCIMENTO DE SUELI É 20/5/2012.

NO CALENDÁRIO ACIMA, PINTE DE **VERDE** O DIA EM QUE SUELI COMEMOROU O ANIVERSÁRIO EM 2019.

4 PINTE O CALENDÁRIO DE ACORDO COM A LEGENDA DE CORES:

O PRIMEIRO DIA DO MÊS DE MAIO.

O ÚLTIMO DIA DO MÊS DE MAIO.

5 CONTE, DE **1 EM 1**, DE **25 ATÉ 35** E COMPLETE OS ESPAÇOS INDICADOS NA RETA NUMÉRICA.

25 26 27 [ ] 29 [ ] 31 [ ] 33 [ ] 35

O DIA **PRIMEIRO DE MAIO** É UM FERIADO NACIONAL. VOCÊ SABE O QUE SE COMEMORA NESSE DIA?

QUAL É O NÚMERO?

1 FABIANO ESCREVEU A SEQUÊNCIA NUMÉRICA DE **1 ATÉ 40**, MAS COBRIU ALGUNS NÚMEROS.

1	2	3	4	5	6	7	8	9	10
11	12		14	15	16		18	19	20
	22	23	24		26	27	28		30
31	32	33	34	35		37		39	40

ESCREVA A SEGUIR O NÚMERO QUE FICOU ESCONDIDO EMBAIXO DE CADA CARTÃO COLORIDO.

2 USE O QUADRO NUMÉRICO DE FABIANO E DESCUBRA EM QUAL NÚMERO CADA CRIANÇA ESTÁ PENSANDO.

Ilustrações: Nid Arts/Arquivo da editora

JUNTE-SE A UM COLEGA PARA CRIAR ADIVINHAS NUMÉRICAS. DEPOIS, TROQUEM COM OS COLEGAS DA TURMA AS ADIVINHAS CRIADAS POR VOCÊS.

OUTRAS SANFONAS DE NÚMEROS

1 ESCREVA OS NÚMEROS QUE FALTAM NAS PARTES QUE APARECEM NA SANFONA DE CADA CRIANÇA.

Ilustrações: Ilustra Cartoon/
Arquivo da editora

DIEGO

MARTA

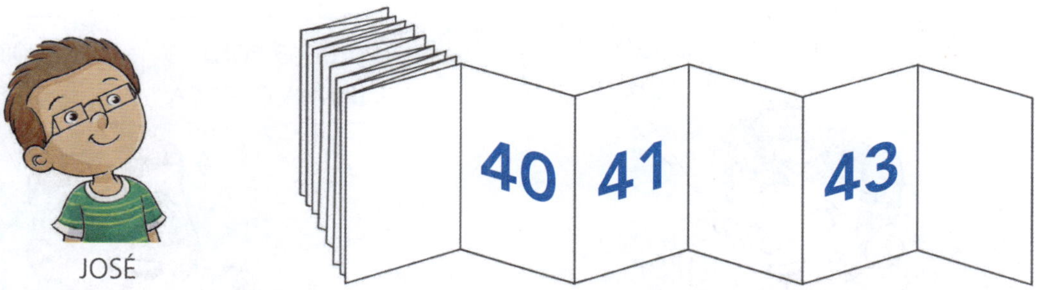

JOSÉ

2 CONTE DE **1 EM 1** E COMPLETE OS ESPAÇOS INDICADOS NA RETA NUMÉRICA **ATÉ 50**.

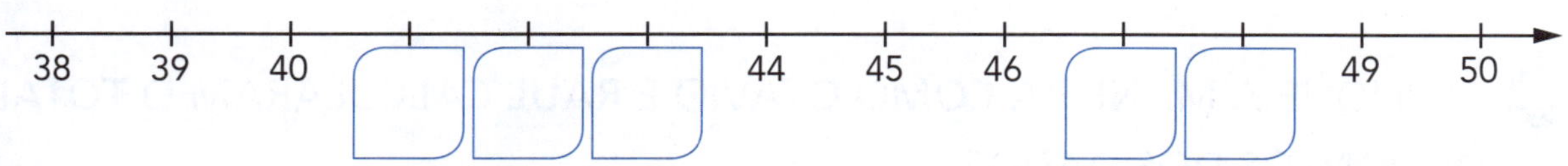

3 AGORA, COMPARE ALGUNS NÚMEROS OBSERVANDO A RETA NUMÉRICA.

A) QUAL É O **MAIOR** NÚMERO: 40 OU 41? ....

B) QUAL É O **MENOR** NÚMERO: 45 OU 48? ....

4 DESCUBRA A REGRA USADA PARA FORMAR A SEQUÊNCIA DE NÚMEROS. DEPOIS, ESCREVA OS QUATRO PRÓXIMOS NÚMEROS.

20, **19**, **18**, **17**, **16**, **15**, **14**, ..., ..., ..., ...

COMO VOCÊ CALCULA?

"GUARDAR" O MAIOR NÚMERO NA CABEÇA

OTÁVIO E RAUL ESTAVAM BRINCANDO COM UM JOGO DE TRILHA. OTÁVIO LANÇOU OS DOIS DADOS DO JOGO E CONSEGUIU OS PONTOS INDICADOS NOS DADOS AO LADO.

Fotos: Cristina Xavier/FinePhoto

1 COMO VOCÊ FARIA PARA CALCULAR O TOTAL DE PONTOS QUE OTÁVIO CONSEGUIU? EXPLIQUE PARA OS COLEGAS.

2 VEJA COMO OTÁVIO E RAUL CALCULARAM O TOTAL DE PONTOS DOS DADOS.

A) OTÁVIO CALCULOU O TOTAL DE PONTOS DOS DADOS CONTANDO ASSIM:

Nid Arts/Arquivo da editora

B) RAUL USOU OUTRA MANEIRA DE CONTAR PARA CALCULAR.

Nid Arts/Arquivo da editora

3 EXPLIQUE A MANEIRA COMO OTÁVIO E RAUL CALCULARAM O TOTAL DE PONTOS DOS DADOS.

DE QUAL DELAS VOCÊ GOSTOU MAIS? POR QUÊ?

4 CALCULE O TOTAL DE PONTOS DA MANEIRA QUE VOCÊ PREFERIR.

A) 

.... PONTOS

B) 

Fotos: Cristina Xavier/FinePhoto

.... PONTOS

5 **AGORA, FAÇA COMO RAUL PARA CALCULAR O TOTAL DE PONTOS DOS DADOS.**

A) 

.... PONTOS

B) 

.... PONTOS

C) 

.... PONTOS

D) 

.... PONTOS

E) 

Fotos: Cristina Xavier/ FinePhoto

.... PONTOS

F) 

.... PONTOS

G) 

.... PONTOS

H) 

.... PONTOS

6 **RAUL E OTÁVIO RESOLVERAM BRINCAR COM 3 DADOS.**

A) QUANTOS PONTOS CADA UM FEZ?

RAUL

.... PONTOS

OTÁVIO

Fotos: Cristina Xavier/FinePhoto

.... PONTOS

B) QUEM FEZ MAIS PONTOS: RAUL OU OTÁVIO?

....

RESOLVENDO MAIS PROBLEMAS

FORME UMA DUPLA PARA RESOLVER OS PROBLEMAS A SEGUIR. SE VOCÊS QUISEREM, USEM **MATERIAL DE CONTAGEM**.

TROCANDO FIGURINHAS

ALGUNS AMIGOS TROCARAM FIGURINHAS DURANTE O RECREIO.

1 JÚLIA TROCOU 10 (DEZ) FIGURINHAS COM FÁBIO. DEPOIS, ELA TROCOU OUTRAS 5 (CINCO) FIGURINHAS COM TADEU. QUANTAS FIGURINHAS JÚLIA TROCOU?

Nid Arts/Arquivo da editora

RESPOSTA: ....

2 GUILHERME TROCOU 8 (OITO) FIGURINHAS COM LUÍS. DEPOIS, ELE TROCOU 3 (TRÊS) FIGURINHAS COM ANA E 6 (SEIS) FIGURINHAS COM LÉO. QUANTAS FIGURINHAS GUILHERME TROCOU?

Nid Arts/Arquivo da editora

RESPOSTA: ....

3 CONSIDERANDO JÚLIA E GUILHERME, QUEM TROCOU MAIS FIGURINHAS?

☐ JÚLIA. ☐ GUILHERME.

É HORA DE JOGAR

A CONQUISTA DO CASTELO

DESTAQUE O TABULEIRO DO **MATERIAL COMPLEMENTAR** E FORME UMA DUPLA PARA JOGAR. OUÇAM COM ATENÇÃO AS REGRAS DO JOGO.

VOCÊ GOSTOU DO JOGO? ☐ 👍👍 ☐ 👍 ☐ 👎

DE OLHO EM UMA PARTIDA!

1 VEJA AO LADO A POSIÇÃO DE TIAGO E A DE SUELI DEPOIS DE ALGUMAS JOGADAS.

Ilustra Cartoon/Arquivo da editora

2 AGORA É A VEZ DE SUELI JOGAR. CONVERSE COM O COLEGA QUE JOGOU COM VOCÊ PARA RESPONDER: O QUE VOCÊS ACHAM QUE VAI ACONTECER?
MARQUEM COM UM **X** A RESPOSTA DE VOCÊS.

☐ **TALVEZ** SUELI GANHE O JOGO.

☐ **COM CERTEZA** SUELI VAI GANHAR O JOGO.

☐ **É IMPOSSÍVEL** SUELI GANHAR O JOGO.

3 AGORA, EXPLIQUEM PARA OUTRA DUPLA A RESPOSTA QUE VOCÊS MARCARAM.

COMPLETAR TABELAS

DESTROS E CANHOTOS

COM QUAL MÃO VOCÊ ESCREVE?

Nid Arts/Arquivo da editora

COM A MÃO ESQUERDA?

COM A MÃO DIREITA?

COM AS DUAS MÃOS?

A TURMA DE JOSÉ FEZ UM CARTAZ COM O CARIMBO DA MÃO QUE CADA ALUNO USA PARA ESCREVER. NA TURMA DELE, NINGUÉM ESCREVE COM AS DUAS MÃOS.

Banco de imagens/Arquivo da editora

VAMOS ENTENDER O CARTAZ DA TURMA DE JOSÉ.

1 **CONTE OS CARIMBOS DO CARTAZ E COMPLETE:**

MÃO USADA PARA ESCREVER – TURMA DE JOSÉ		
	MARCAÇÃO COM TRACINHOS	TOTAL DE ALUNOS
MÃO DIREITA (DESTRO) 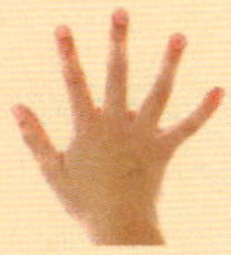		
MÃO ESQUERDA (CANHOTO) 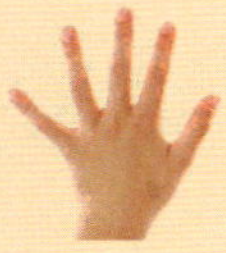		

Fotos: Thinkstock/Getty Images

2 NA TURMA DE JOSÉ HÁ MAIS ALUNOS DESTROS OU CANHOTOS?

☐ CANHOTOS. ☐ DESTROS.

3 DESENHE UMA LINHA EM VOLTA DA MÃO MAIS USADA PARA ESCREVER NA TURMA DE JOSÉ.

MÃO ESQUERDA. 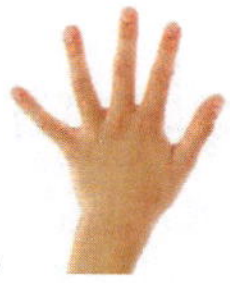

Fotos: Thinkstock/Getty Images

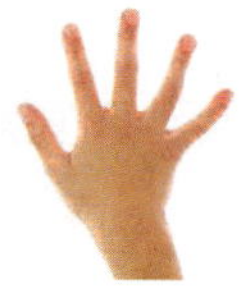 MÃO DIREITA.

4 NA SUA TURMA, QUANTOS ALUNOS SÃO DESTROS? QUANTOS ALUNOS SÃO CANHOTOS? ALGUÉM ESCREVE COM AS DUAS MÃOS? FAÇA UMA PESQUISA E COMPLETE:

MÃO USADA PARA ESCREVER – TURMA DO 1º ANO		
	MARCAÇÃO COM TRACINHOS	TOTAL DE ALUNOS
MÃO DIREITA (DESTRO) 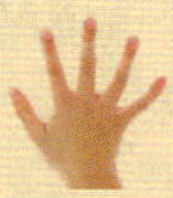		
MÃO ESQUERDA (CANHOTO) 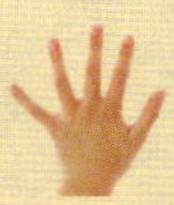		
AS DUAS MÃOS 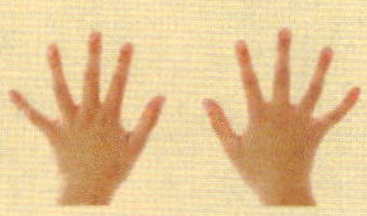		

Fotos: Thinkstock/Getty Images

CRIE DUAS FRASES COM AS INFORMAÇÕES SOBRE DESTROS E CANHOTOS QUE VOCÊ DESCOBRIU NA SUA TURMA.

VAMOS FALAR SOBRE...

DIFERENÇAS FÍSICAS

AS PESSOAS TÊM CARACTERÍSTICAS FÍSICAS DIFERENTES. POR EXEMPLO, VOCÊ SABIA QUE EXISTEM PESSOAS QUE ESCREVEM COM A MÃO DIREITA E COM A MÃO ESQUERDA? ELAS SÃO CHAMADAS **AMBIDESTRAS**!

1. E VOCÊ, CONSEGUE ESCREVER COM AS DUAS MÃOS? FAÇA ALGUMAS TENTATIVAS E MOSTRE AOS COLEGAS!

LATERALIDADE

MÃO DIREITA NO PÉ ESQUERDO?

VAMOS BRINCAR!

1 VOCÊ CONSEGUE FICAR NA MESMA POSIÇÃO DE CADA CRIANÇA DA CENA?

Estúdio Mil/Arquivo da editora

FORME TRIOS PARA BRINCAR! INVENTEM OUTRAS POSIÇÕES!

DIREITA E ESQUERDA

1 **PINTE OS BALÕES DE LUCIANO COM AS SEGUINTES CORES:**

(amarelo) BALÕES DA MÃO DIREITA. (azul) BALÕES DA MÃO ESQUERDA.

LUCIANO ESTÁ DE FRENTE PARA VOCÊ.

LUCIANO ESTÁ DE COSTAS PARA VOCÊ.

Ilustrações: Estúdio Mil/ Arquivo da editora

2 **OBSERVE O RELÓGIO, A PULSEIRA E A BOLSA QUE ISABELA ESTÁ USANDO QUANDO ESTÁ DE COSTAS PARA VOCÊ.**
DESENHE ESSES OBJETOS EM ISABELA DEPOIS QUE ELA VIROU DE FRENTE PARA VOCÊ.

ISABELA ESTÁ DE COSTAS PARA VOCÊ.

ISABELA ESTÁ DE FRENTE PARA VOCÊ.

Ilustrações: Estúdio Mil/ Arquivo da editora

SIGA A REGRA!

1 OBSERVE E DESCUBRA QUAL FOI A REGRA QUE AS CRIANÇAS USARAM PARA FORMAR CADA FILA.

Nid Arts/Arquivo da editora

2 AGORA, IMAGINE QUE VOCÊ VAI ENTRAR EM CADA UMA DESSAS FILAS DEPOIS DA CRIANÇA DE CAMISETA AMARELA.
SEGUINDO A REGRA, COMO VOCÊ DEVERÁ FICAR EM CADA FILA?

AUTOAVALIAÇÃO

O QUE VOCÊ APRENDEU NA **UNIDADE 5**? MARQUE COM UM **X** A CARINHA QUE MELHOR INDICA A SUA RESPOSTA.

1. EU SEI COMPARAR COMPRIMENTOS E DIZER QUAL É MAIS CURTO, MAIS COMPRIDO, MAIS ALTO E MAIS BAIXO?			
2. EU SEI LER, ESCREVER E COMPARAR NÚMEROS ATÉ 50?			
3. EU SEI COMPLETAR UMA TABELA COM A QUANTIDADE DE ALUNOS DESTROS E CANHOTOS DA MINHA TURMA?			
4. EU SEI RESOLVER OS PROBLEMAS SOBRE A TROCA DAS FIGURINHAS?			

SUGESTÕES

PARA LER

- **QUEM VAI FICAR COM O PÊSSEGO?**, DE YOON AH-HAE E YANG HYE-WON. EDITORA CALLIS.

A GIRAFA, O CROCODILO, O RINOCERONTE, O MACACO, O COELHO E A LAGARTA ENCONTRARAM UM GRANDE PÊSSEGO MADURO, COM UM CHEIRO MUITO GOSTOSO. COM ÁGUA NA BOCA, ELES TÊM DE DECIDIR QUEM VAI FICAR COM O DELICIOSO PÊSSEGO. PARA RESOLVER ESSE PROBLEMA, ELES VÃO USAR VÁRIAS COMPARAÇÕES.

Reprodução/Editora Callis

UNIDADE

6 COLEÇÕES E O DINHEIRO BRASILEIRO

NESTA UNIDADE VOCÊ VAI:

- COMPLETAR TABELAS E CONSTRUIR GRÁFICOS.
- LER, ESCREVER E COMPARAR NÚMEROS ATÉ 50.
- CONVERSAR SOBRE O DINHEIRO QUE USAMOS, JUNTAR E COMPARAR VALORES.
- INVENTAR PROBLEMAS PARA UM COLEGA RESOLVER.

VAMOS COMEÇAR...

OS ALUNOS DO 1º ANO ESTÃO PARTICIPANDO DE UMA GINCANA. OBSERVE A CENA E RESPONDA.

1. QUANTAS EQUIPES ESTÃO PARTICIPANDO DA GINCANA?
2. QUAL EQUIPE MARCOU MAIS PONTOS ATÉ AGORA?
3. VOCÊ JÁ USOU ESSA MANEIRA DE REGISTRAR QUANTIDADES PARA MARCAR OS PONTOS EM UM JOGO? QUE OUTRAS MANEIRAS DE REGISTRO VOCÊ JÁ USOU?

Bruna Sanches Welter/Arquivo da editora
A EQUIPE AMARELA ESTÁ QUASE EMPATANDO COM A GENTE!
PONTOS DAS EQUIPES:

TABELAS E GRÁFICOS

A COLEÇÃO DE TAMPINHAS

AS TURMAS DE 1º ANO DA ESCOLA DE JUSSARA ESTÃO COLECIONANDO TAMPINHAS COLORIDAS.

Estúdio Mil/Arquivo da editora

DURANTE A SEMANA, CADA TURMA ANOTOU A QUANTIDADE DE TAMPINHAS QUE JUNTOU EM UMA **TABELA** COLETIVA.

1 **COMPLETE A TABELA COM O TOTAL DE TAMPINHAS DE CADA TURMA:**

NÚMERO DE TAMPINHAS DAS TURMAS DE 1º ANO

TURMA	MARCAÇÃO COM TRACINHOS	TOTAL DE TAMPINHAS
1º ANO **A**	⧄ ⧄ ⧄ ||	
1º ANO **B**	⧄ ⧄ |||	
1º ANO **C**	⧄ ⧄ ⧄ ⧄	
1º ANO **D**	⧄ ⧄ ⧄ □	

FONTE: TURMAS DE 1º ANO DA ESCOLA DE JUSSARA (DADOS FICTÍCIOS).

ESSES RESULTADOS PODEM SER APRESENTADOS EM UM **GRÁFICO**.

2 CONSTRUA UM GRÁFICO USANDO OS NÚMEROS DA TABELA.
PINTE UM ○ PARA REPRESENTAR CADA TAMPINHA.

NÚMERO DE TAMPINHAS DAS TURMAS DE 1º ANO

Banco de imagens/Arquivo da editora

FONTE: TURMAS DE 1º ANO DA ESCOLA DE JUSSARA (DADOS FICTÍCIOS).

3 OBSERVANDO O GRÁFICO, RESPONDA:

QUANTAS TAMPINHAS TEM A COLEÇÃO DO 1º ANO **A**?

....

4 MARQUE COM UM **X** A RESPOSTA DE CADA PERGUNTA.

A) QUAL TURMA TEM MAIS TAMPINHAS EM SUA COLEÇÃO?

☐ 1º ANO **A** ☐ 1º ANO **B** ☐ 1º ANO **C** ☐ 1º ANO **D**

B) QUAL TURMA TEM MAIS TAMPINHAS QUE O 1º ANO **A** E MENOS TAMPINHAS QUE O 1º ANO **C**?

☐ 1º ANO **A** ☐ 1º ANO **B** ☐ 1º ANO **C** ☐ 1º ANO **D**

AS TURMAS DE 1º ANO DA ESCOLA DE JUSSARA COLECIONAM TAMPINHAS COLORIDAS PARA USAR COMO MATERIAL DE CONTAGEM. A SUA TURMA TAMBÉM FAZ ALGUMA COLEÇÃO? QUAIS OBJETOS VOCÊ ACHA QUE PODERIA COLECIONAR COM OS COLEGAS?

CONTAR, COMPARAR E REGISTRAR

QUADRO DE NÚMEROS ATÉ 50

1 CONTE, EM VOZ ALTA, DE **1 EM 1** E COMPLETE O QUADRO COM OS NÚMEROS QUE FALTAM.

1	2	3		5	6	7	8		10
11					16	17		19	20
	22	23	24			27	28	29	
31	32	33	34	35					40
41	42	43						49	

2 PINTE OS NÚMEROS DO QUADRO DE ACORDO COM A LEGENDA DE CORES:

OS NÚMEROS **ENTRE 33 E 39**.

OS NÚMEROS **MAIORES DO QUE 45** E **MENORES DO QUE 50**.

3 ESCREVA NA RETA NUMÉRICA OS NÚMEROS QUE VÊM **ANTES DE 46** E **DEPOIS DE 39**.

36 37 38 39 .... 46 47 48 49

4 AGORA, OBSERVANDO A RETA NUMÉRICA, ESCREVA EM CADA FICHA A SEGUIR O NÚMERO QUE VEM **IMEDIATAMENTE ANTES** E O QUE VEM **IMEDIATAMENTE DEPOIS** DE CADA NÚMERO COLORIDO.
DEPOIS, PINTE DE **AZUL** O MAIOR NÚMERO DE CADA FICHA.

	42	

	39	

	48	

LATINHAS PARA RECICLAGEM

1 CIDA E ALGUNS AMIGOS JUNTARAM LATINHAS VAZIAS PARA RECICLAGEM. ESCREVA QUANTAS LATINHAS CADA UM DELES JUNTOU.

Jupiter Unlimited/Keydisc

CIDA ....

Jupiter Unlimited/Keydisc

CÉSAR ....

Jupiter Unlimited/Keydisc

TOMÁS ....

Photodisc/Getty Images

CARLA ....

2 AGORA, CONTE DE **1 EM 1** DE **40 ATÉ 52**. ESCREVA OS NÚMEROS NOS ESPAÇOS INDICADOS NA RETA NUMÉRICA.

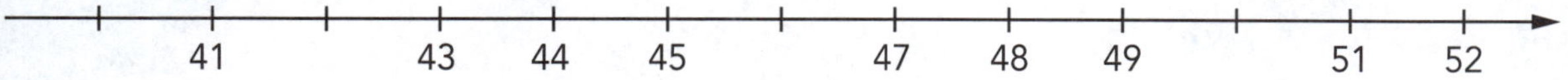

3 OBSERVANDO A RETA NUMÉRICA, RESPONDA:

A) QUEM JUNTOU O **MAIOR** NÚMERO DE LATINHAS? ....

B) QUEM JUNTOU **MAIS** LATINHAS DO QUE CARLA E **MENOS** LATINHAS DO QUE CÉSAR? ....

VAMOS FALAR SOBRE...

COLETA DE MATERIAIS PARA RECICLAGEM

VOCÊ JÁ DEVE TER VISTO PESSOAS COLETANDO LATINHAS DE ALUMÍNIO VAZIAS E OUTROS MATERIAIS NAS RUAS E EM OUTROS LUGARES.

1. EM SUA OPINIÃO, POR QUE ESSAS PESSOAS FAZEM ISSO?

REUTILIZAÇÃO E RECICLAGEM DE LATAS

DEPOIS DE TOMAR O SUCO DE UMA LATINHA, O QUE VOCÊ PODE FAZER COM ELA?

Ilustrações: Bruna Assis Brasil

FONTE DAS INFORMAÇÕES: ABRALATAS. DISPONÍVEL EM: <ABRALATAS.ORG.BR/>. ACESSO EM: 28 MAR. 2018.

1 TROQUE IDEIAS COM SEUS COLEGAS E O PROFESSOR SOBRE AS QUESTÕES A SEGUIR.

A) O QUE VOCÊS ENTENDERAM SOBRE O PROCESSO DE RECICLAGEM DAS LATAS DE ALUMÍNIO?

B) VOCÊS CONHECEM ALGUM CATADOR DE LATAS DE ALUMÍNIO? O QUE ELE FAZ COM AS LATAS QUE JUNTA?

Ilustrações: Bruna Assis Brasil

2 RESOLVA O PROBLEMA:

A TURMA DE PAULA FEZ 3 JOGOS DE BOLICHE. QUANTAS LATAS VAZIAS ELES JUNTARAM PARA FAZER ESSES 3 JOGOS DE BOLICHE?

É HORA DE JOGAR

BINGO DE NÚMEROS

PRESTE ATENÇÃO NA REGRA QUE MUDARÁ NESTE **BINGO DE NÚMEROS**.

REGRAS:

1ª CADA DUPLA COMPLETA SUA CARTELA COM 6 NÚMEROS DIFERENTES. OS NÚMEROS DEVEM SER **MAIORES DO QUE 35** E **MENORES DO QUE 55**.

2ª VENCE QUEM MARCAR TODOS OS NÚMEROS DA CARTELA PRIMEIRO.

FORME UMA DUPLA. CONSTRUAM UMA CARTELA E JOGUEM.

VOCÊ GOSTOU DO JOGO? ☐ 👍👍 ☐ 👍 ☐ 👎

DE OLHO EM UMA PARTIDA!

1 NA CARTELA DE SOFIA E NA DE JOÃO, MARQUE COM UM **X** OS NÚMEROS QUE **NÃO** OBEDECEM À REGRA DO JOGO. DEPOIS, TROQUE ESSES NÚMEROS E COMPLETE A CARTELA CORRIGIDA.

CARTELA DE SOFIA.

52	35	40
49	58	53

CARTELA DE SOFIA (CORRIGIDA).

CARTELA DE JOÃO.

29	46	39
51	55	42

CARTELA DE JOÃO (CORRIGIDA).

2 POR QUE O JOGADOR QUE VAI FALAR OS NÚMEROS NÃO PODERÁ FALAR O NÚMERO **35**?

RESOLVENDO MAIS PROBLEMAS

FORME UMA DUPLA PARA RESOLVER OS PROBLEMAS.

BOLA AO CESTO

DURANTE UMA SEMANA UM GRUPO DE AMIGOS DE UMA ESCOLA BRINCOU DE BOLA AO CESTO NO RECREIO.

Sergio Dotta Jr./Arquivo da editora

1 OBSERVE QUANTOS PONTOS CADA CRIANÇA OBTEVE NA COMPETIÇÃO DURANTE ESSA SEMANA.

PONTUAÇÃO NA COMPETIÇÃO DE BOLA AO CESTO

NOME	PEDRO	RICARDO	TAÍS	LETÍCIA	RAFAEL	MANUELA
NÚMERO DE PONTOS	44	30	48	36	46	44

FONTE: GRUPO DE ALUNOS DA ESCOLA (DADOS FICTÍCIOS).

2 AGORA, OBSERVANDO A PONTUAÇÃO ACIMA, RESPONDA:

A) QUEM FEZ **MAIS** PONTOS? ....

B) QUEM FEZ **MENOS** PONTOS? ....

C) QUAIS CRIANÇAS EMPATARAM? ....

D) O VENCEDOR FOI QUEM CONSEGUIU O **MAIOR** NÚMERO DE PONTOS. NESSA SEMANA, QUEM FICOU EM **PRIMEIRO** LUGAR? ....

E) QUEM FICOU EM **SEGUNDO** LUGAR NA COMPETIÇÃO DESSA SEMANA?

....

O DINHEIRO BRASILEIRO

A COMPRA DO JACARÉ

VAMOS CONHECER A CANTIGA DO JACARÉ QUE FOI COMPRAR UM PRESENTE PARA A SUA COMADRE.

1 **LEIA COM OS COLEGAS:**

JACARÉ FOI AO MERCADO
NÃO SABIA O QUE COMPRAR,
COMPROU UMA CADEIRINHA
PARA A COMADRE SE SENTAR.

Ilustrações: Emerson Fialho/Arquivo da editora

A COMADRE SE SENTOU,
A CADEIRA ESBORRACHOU,
JACARÉ CHOROU, CHOROU
O DINHEIRO QUE GASTOU!

CANTIGA POPULAR.

2 **COM TODA A TURMA, CONVERSE E RESPONDA ÀS PERGUNTAS:**

A) QUAIS SÃO OS PERSONAGENS QUE APARECEM NA CANTIGA?

B) O QUE O JACARÉ COMPROU?

C) PARA QUEM ELE DEU O PRESENTE?

D) O QUE ACONTECEU COM O PRESENTE QUANDO FOI USADO?

E) POR QUE O JACARÉ CHOROU?

3 **FAÇA UM DESENHO QUE REPRESENTE O QUE VOCÊ SABE SOBRE O DINHEIRO QUE USAMOS NO DIA A DIA.**

4 **COMPARE SEU DESENHO COM OS DOS COLEGAS. EXPLIQUE AS DIFERENÇAS OBSERVADAS ENTRE OS DESENHOS.**

MOEDAS E CÉDULAS DO REAL

O DINHEIRO BRASILEIRO É CHAMADO **REAL**.

ELEMENTOS NÃO PROPORCIONAIS ENTRE SI.

1 ESCREVA O VALOR DAS MOEDAS DO REAL.

Fotos: Reprodução/Casa da Moeda do Brasil/ Ministério da Fazenda

1 CENTAVO

.... CENTAVOS

.... CENTAVOS

.... CENTAVOS

.... CENTAVOS

1 REAL

2 QUAL É A MOEDA DE **MAIOR** VALOR? ....

3 QUAL É A MOEDA DE **MENOR** VALOR? ....

4 ESCREVA O VALOR DAS CÉDULAS DO REAL.

.... REAIS

.... REAIS

.... REAIS

Fotos: Reprodução/Casa da Moeda do Brasil/ Ministério da Fazenda

.... REAIS

.... REAIS

.... REAIS

5 QUAL É A CÉDULA DE **MAIOR** VALOR? ....

6 QUAL É A CÉDULA DE **MENOR** VALOR? ....

DE 1 EM 1 CENTAVO

PARA FAZER ESTA ATIVIDADE, VOCÊ VAI PRECISAR DESTACAR AS FOTOGRAFIAS DE MOEDAS DO **MATERIAL COMPLEMENTAR**.

1. TROQUE CADA GRUPO DE MOEDAS DE 1 CENTAVO POR APENAS **UMA MOEDA**. ATENÇÃO: O VALOR TOTAL DO GRUPO DE MOEDAS DEVE SER IGUAL AO VALOR DA MOEDA TROCADA.

   COLE A FOTOGRAFIA DA MOEDA PARA INDICAR SUA RESPOSTA.

Fotos: Reprodução/Casa da Moeda do Brasil/Ministério da Fazenda

QUANTOS CENTAVOS?

1 OBSERVE AS MOEDAS DE CADA MENINA E ESCREVA QUANTOS CENTAVOS CADA UMA DELAS TEM.

ELEMENTOS NÃO PROPORCIONAIS ENTRE SI.

Fotos: Jupiter Unlimited/Keydisc

Moedas: Reprodução/Casa da Moeda do Brasil/ Ministério da Fazenda

ISABELA

.... CENTAVOS

LETÍCIA

.... CENTAVOS

GABRIELA

.... CENTAVOS

PRISCILA

.... CENTAVOS

2 OBSERVE QUANTOS CENTAVOS CADA MENINA TEM E RESPONDA:

A) QUEM POSSUI **MAIS** CENTAVOS? ....

B) QUEM POSSUI **MENOS** CENTAVOS? ....

Ronstik/Shutterstock

JUNTE-SE A UM COLEGA PARA BRINCAR DE CARA OU COROA USANDO UMA MOEDA DE QUALQUER VALOR DO REAL.

QUANTOS REAIS?

1 OBSERVE AS CÉDULAS QUE CADA CRIANÇA JUNTOU E ESCREVA QUANTOS REAIS CADA UMA DELAS TEM.

ELEMENTOS NÃO PROPORCIONAIS ENTRE SI.

Fotos: Reprodução/Casa da Moeda do Brasil/Ministério da Fazenda

Thinkstock/Getty Images

CAIO

.... REAIS

V.S.Anandhakrishna/Shutterstock

LIA

.... REAIS

Thinkstock/Getty Images

MARA

.... REAIS

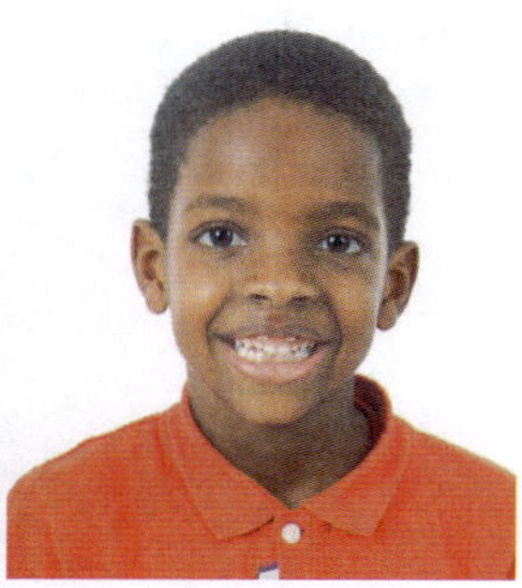

Samuel Borges Photography/Shutterstock

LUCIANO

.... REAIS

2 OBSERVE QUANTOS REAIS CADA CRIANÇA TEM E RESPONDA:

A) QUEM POSSUI O **MENOR** VALOR? ....

B) QUEM POSSUI O **MAIOR** VALOR? ....

RESOLVENDO MAIS PROBLEMAS

VAMOS TROCAR MOEDAS?

PODEMOS TROCAR MOEDAS E CONTINUAR COM O MESMO VALOR. VOCÊ PODE USAR AS FOTOGRAFIAS DE MOEDAS DO **MATERIAL COMPLEMENTAR**.

1 **AJUDE AS CRIANÇAS A FAZER AS TROCAS PARA FICAR COM O MESMO VALOR.**

Jupiter Unlimited/Keydisc

JÚLIO

DE QUANTAS MOEDAS DE **10 CENTAVOS** EU PRECISO PARA TROCAR POR **UMA** MOEDA DE **50 CENTAVOS**?

RESPOSTA: ....

Jupiter Unlimited/Keydisc

ROSA

DE QUANTAS MOEDAS DE **5 CENTAVOS** EU PRECISO PARA TROCAR POR **UMA** MOEDA DE **25 CENTAVOS**?

RESPOSTA: ....

VAMOS TROCAR CÉDULAS?

TAMBÉM PODEMOS TROCAR CÉDULAS E CONTINUAR COM O MESMO VALOR. VOCÊ PODE USAR AS FOTOGRAFIAS DE CÉDULAS DO **MATERIAL COMPLEMENTAR**.

1 AJUDE AS CRIANÇAS A FAZER AS TROCAS.

9george/Shutterstock

SOFIA

QUERO TROCAR **5** NOTAS DE **2 REAIS** POR APENAS **UMA NOTA** E FICAR COM O MESMO VALOR. QUAL SERÁ ESSA NOTA?

RESPOSTA: ....

RSnapshotPhotos/Shutterstock

ANTÔNIO

QUERO TROCAR **5** NOTAS DE **10 REAIS** POR APENAS **UMA NOTA** E FICAR COM O MESMO VALOR. QUAL SERÁ ESSA NOTA?

RESPOSTA: ....

PROBLEMATECA

COMPARANDO PROBLEMAS

1 **LEIA OS TEXTOS E DESENHE UMA SOLUÇÃO PARA RESPONDER À PERGUNTA DE CADA PROBLEMA.**

A) RITA ADORA TER A CASA ENFEITADA COM FLORES. ELA TEM 3 VASOS E QUER COLOCAR 6 FLORES EM CADA UM. QUANTAS FLORES RITA PRECISARÁ COMPRAR?

RESPOSTA: ....

B) DEPOIS DO ALMOÇO, PEDRO E EDUARDO FORAM À PADARIA E CADA UM COMPROU 4 DOCES DE LEITE. QUANTOS DOCES ELES COMPRARAM?

RESPOSTA: ....

2 **COMPARE OS DOIS PROBLEMAS QUE VOCÊ RESOLVEU. O QUE VOCÊ ACHA QUE ELES TÊM DE PARECIDO? CONVERSE COM SEUS COLEGAS.**

AUTOAVALIAÇÃO

O QUE VOCÊ APRENDEU NA **UNIDADE 6**? MARQUE COM UM **X** A CARINHA QUE MELHOR INDICA A SUA RESPOSTA.			
1. EU SEI LER A TABELA E CONSTRUIR O GRÁFICO SOBRE A COLEÇÃO DE TAMPINHAS?			
2. EU SEI LER, ESCREVER E COMPARAR NÚMEROS ATÉ 50?			
3. EU SEI O VALOR DE ALGUMAS MOEDAS E NOTAS DO NOSSO DINHEIRO, O REAL?			
4. EU SEI COMPARAR VALORES DO REAL E DIZER QUEM TEM MAIS DINHEIRO?			
5. EU SEI RESOLVER PROBLEMAS COM NOTAS E MOEDAS?			

SUGESTÕES

PARA LER

- **O COBERTOR ENCANTADO**, DE EUN-JOONG KIM, EDITORA FTD.

  NEM SEMPRE BRINCAR SOZINHO É CHATO! CONHEÇA A HISTÓRIA DE JANICE, UMA GAROTA QUE, AO TER QUE BRINCAR SOZINHA EM SEU QUARTO, FICA CURIOSA PARA SABER O QUE HÁ EMBAIXO DE UM COBERTOR...

  ELA VAI TER MUITAS SURPRESAS, POIS O NÚMERO DE COISAS EMBAIXO DO COBERTOR ESTÁ AUMENTANDO!

Reprodução/Editora FTD

- **PEDRO PET PLÁSTICO**, DE EDUARDO ALBINI, EDITORA FORMATO.

  PEDRO É UM MENINO MUITO CRIATIVO. NESTE LIVRO CHEIO DE IMAGENS, VOCÊ VERÁ O QUE ELE FAZ COM GARRAFAS PET, ALÉM DE PODER RECONTAR A HISTÓRIA DO SEU JEITO, DANDO NOME AOS OUTROS PERSONAGENS.

Reprodução/Editora Formato

UNIDADE

7 DIVERSÃO E ARTE

NESTA UNIDADE VOCÊ VAI:

- IDENTIFICAR CÍRCULOS EM OBRA DE ARTE E REPRESENTAR CÍRCULOS COM DESENHOS E RECORTES.
- IDENTIFICAR OBJETOS QUE LEMBRAM ESFERAS.
- RESOLVER PROBLEMAS.
- COMPOR NÚMEROS ATÉ 10 USANDO ADIÇÃO.

VAMOS COMEÇAR...

OS ARTISTAS DO CIRCO ESTÃO DIVERTINDO A PLATEIA. OBSERVE A CENA PARA RESPONDER ÀS PERGUNTAS.

1. OS DESENHOS NA CORTINA DO CIRCO LEMBRAM UMA FIGURA GEOMÉTRICA PLANA. VOCÊ SABE O NOME DESSA FIGURA?
2. A EQUILIBRISTA ESTÁ SOBRE UMA BOLA ROXA. ESSA BOLA LEMBRA UMA FIGURA GEOMÉTRICA CHAMADA ESFERA.

   QUE OUTROS OBJETOS DA CENA LEMBRAM UMA ESFERA?

Bruna Sanches Welter/Arquivo da editora

CÍRCULOS E ESFERAS

CÍRCULOS NA ARTE

1 OBSERVE A FOTOGRAFIA DE UMA OBRA DE ARTE DA ARTISTA CARIOCA **BEATRIZ MILHAZES**.

Manuel Águas & Pepe Schettino/Coleção Museu de Arte Moderna de São Paulo – doação Credit Suisse.

LOVE, DE BEATRIZ MILHAZES, 2007. TINTA ACRÍLICA SOBRE LINHO. 196 cm × 248 cm. COLEÇÃO MUSEU DE ARTE MODERNA DE SÃO PAULO.

2 CONVERSE COM OS COLEGAS SOBRE A OBRA DA ARTISTA. EM SEGUIDA, RESPONDA:

A) VOCÊ GOSTOU DA OBRA DA ARTISTA?

B) O QUE VOCÊ PODE DIZER SOBRE AS CORES QUE A ARTISTA UTILIZA?

C) VOCÊ RECONHECE ALGUM ELEMENTO QUE LEMBRA UMA FIGURA GEOMÉTRICA NESSA OBRA?

DESENHANDO CÍRCULOS

1 **QUE TAL DESENHAR CÍRCULOS? VOCÊ VAI PRECISAR DE:**

- FOLHAS DE PAPEL;
- COPOS PLÁSTICOS DE DIFERENTES TAMANHOS;
- LÁPIS DE COR OU CANETINHAS COLORIDAS;
- TESOURA DE PONTAS ARREDONDADAS E COLA.

SIGA AS INSTRUÇÕES.

1º) COLOQUE O COPO DE BOCA PARA BAIXO SOBRE UMA FOLHA. CONTORNE A BOCA DO COPO.

2º) VIRE O COPO PARA CIMA. CONTORNE O FUNDO DO COPO EM OUTRA PARTE DA MESMA FOLHA.

3º) PINTE CADA UMA DAS FIGURAS COM CORES DIFERENTES.

Fotos: Fernando Favoretto/Criar Imagem

4º) RECORTE AS FIGURAS. PRONTO! VOCÊ TEM DESENHOS DE CÍRCULOS DE TAMANHOS DIFERENTES.

2 **FAÇA DESENHOS DE CÍRCULOS DE TAMANHOS VARIADOS.**

3 **RECORTE E GUARDE OS DESENHOS PARA USAR NA PRÓXIMA ATIVIDADE.**

FAZENDO ARTE COM CÍRCULOS

1 OBSERVEM AS FOTOGRAFIAS DE DOIS QUADROS FEITOS POR CRIANÇAS.

Cristina Xavier/FinePhoto

TRABALHO ESCOLAR FEITO POR CRIANÇAS.

Flávio Mendes/Arquivo da editora

TRABALHO ESCOLAR FEITO POR CRIANÇAS.

2 AGORA É A SUA VEZ DE CRIAR! FAÇA UMA LINDA OBRA DE ARTE COM SUA TURMA. USE OS CÍRCULOS QUE VOCÊ FEZ.

BOLAS E MAIS BOLAS

1 ACOMPANHE A LEITURA DO POEMA.

BOLA

BOLA DE MEIA
ROLA GABOLA
FORMA MAROLA
NA AREIA

BOLA DE PANO
NUMA BOA PELADA
FAZ O DONO DO PÉ
PENSAR QUE É PELÉ

Arquivo do jornal *O Estado de S. Paulo*/ Agência Estado

Emerson Fialho/Arquivo da editora

CARLOS URBIN. **SACO DE BRINQUEDOS**. PORTO ALEGRE: PROJETO, 1997.

EXISTEM VÁRIOS TIPOS DE BOLA:

ELEMENTOS NÃO PROPORCIONAIS ENTRE SI.

Rita Barreto/ Acervo da fotógrafa

BOLA DE MEIA.

Jupiter Unlimited/Keydisc

BOLA DE FUTEBOL.

Rita Barreto/ Acervo da fotógrafa

BOLA DE PANO.

Thinkstock/Getty Images

BOLINHAS DE GUDE.

TODAS ESSAS BOLAS LEMBRAM UMA FIGURA GEOMÉTRICA: **A ESFERA**.

Banco de imagens/ Arquivo da editora

REPRESENTAÇÃO DE UMA ESFERA.

Alamy/Glow Images

PEÇA DE MADEIRA.

2 FORME UM GRUPO PARA DESENHAR OU RECORTAR FOTOGRAFIAS DE OBJETOS, FRUTAS OU OUTROS BRINQUEDOS QUE LEMBREM A **ESFERA**. DEPOIS, USEM ESSES RECORTES PARA MONTAR UM MURAL.

BRINQUEDOS COM MASSINHA

1 OBSERVE O QUE BEATRIZ FEZ COM MASSINHA DE MODELAR E O RECORTE DE PAPEL QUE ELA FEZ.

ELEMENTOS NÃO PROPORCIONAIS ENTRE SI.

Tarzhanova/Shutterstock

Photo Melon/Shutterstock

A) HÁ DIFERENÇA ENTRE AS DUAS REPRESENTAÇÕES?

B) QUAL DELAS LEMBRA UMA ESFERA?

2 DEPOIS, TODA A TURMA DE BEATRIZ FEZ BRINQUEDOS COM MASSINHA. CRIE OUTRAS CONSTRUÇÕES COM MASSINHA E DIVIRTA-SE.

Fernando Favoretto/Criar Imagem

Fernando Favoretto/Criar Imagem

Fernando Favoretto/Criar Imagem

Rony Costa/FinePhoto

3 DESCUBRA QUAL FOI A REGRA USADA PARA CONSTRUIR A PILHA DE BOLINHAS.

SERÁ QUE ESSA PILHA DE BOLINHAS VAI CAIR? VOCÊ CONSEGUE FAZER UMA PILHA COM MAIS BOLINHAS SEGUINDO UMA REGRA?

RESOLVENDO MAIS PROBLEMAS

EMBALAGENS E BRINQUEDOS

CIDA E LAURA VÃO CONSTRUIR BRINQUEDOS USANDO MATERIAL RECICLÁVEL. VEJA QUANTAS EMBALAGENS CADA UMA DELAS CONSEGUIU JUNTAR.

Nid Arts/Arquivo da editora

1 CIDA FEZ UM PRÉDIO USANDO 3 (TRÊS) CAIXAS DE SAPATO. QUANTAS CAIXAS SOBRARAM PARA CONSTRUIR NOVOS BRINQUEDOS?

Nid Arts/Arquivo da editora

RESPOSTA: ....

2 LAURA FEZ 6 (SEIS) ROBÔS USANDO UM ROLO DE PAPELÃO PARA CADA UM DELES. QUANTOS ROLOS ELA **NÃO** USOU?

RESPOSTA: ....

ADIÇÃO

QUANTAS CRIANÇAS NA RODA?

1 OBSERVE A CENA: ALGUMAS CRIANÇAS ESTÃO **BRINCANDO DE RODA** E OUTRAS ESTÃO CHEGANDO PARA BRINCAR.

Nid Arts/Arquivo da editora

2 RESPONDA:

A) ONDE VOCÊ ACHA QUE AS CRIANÇAS ESTÃO BRINCANDO?

B) QUANTAS CRIANÇAS ESTÃO BRINCANDO DE RODA? ....

C) QUANTAS CRIANÇAS CHEGARAM PARA BRINCAR? ....

D) QUANTAS CRIANÇAS VÃO FORMAR A RODA? ....

PODEMOS INDICAR O TOTAL DE CRIANÇAS QUE VÃO FORMAR A RODA ESCREVENDO A **ADIÇÃO**:

$$4 + 3 = 7$$

LEMOS ESSA ADIÇÃO ASSIM: QUATRO **MAIS** TRÊS **É IGUAL A** SETE.

3 **AGORA, RESPONDA À PERGUNTA DE ANA.**

Nid Arts/Arquivo da editora

4 EM CADA CENA A SEGUIR, HÁ CRIANÇAS BRINCANDO DE RODA E CRIANÇAS CHEGANDO PARA BRINCAR. ESCREVA UMA ADIÇÃO REPRESENTANDO O TOTAL DE CRIANÇAS QUE VÃO FORMAR A NOVA RODA.

A)

Ilustrações: Nid Arts/Arquivo da editora

ADIÇÃO: ....

B)

ADIÇÃO: ....

C)

ADIÇÃO: ....

VAMOS FALAR SOBRE...

DIVERSÃO EM GRUPO

EM MUITAS BRINCADEIRAS DO DIA A DIA, CONVIDAMOS OUTROS COLEGAS PARA PARTICIPAR E SE DIVERTIR COM A GENTE.

1. NA SUA TURMA, TODOS PARTICIPAM DAS BRINCADEIRAS E DOS JOGOS EM EQUIPE?
2. VOCÊS CONVIDAM TODOS OS COLEGAS PARA PARTICIPAR?

QUANTOS DEDOCHES?

1 ESCREVA UMA ADIÇÃO PARA INDICAR O TOTAL DE DEDOCHES DAS DUAS MÃOS EM CADA CASO.

A)

.... + ... = ...

D)

Ilustrações: Ilustra Cartoon/ Arquivo da editora

.... + ... = ...

B)

.... + ... = ...

E)

.... + ... = ...

C)

.... + ... = ...

F)

.... + ... = ...

2 AGORA, OBSERVE OS DEDOCHES QUE ANDRÉ COLOCOU NOS DEDOS DAS DUAS MÃOS E DOS DOIS PÉS.

Ilustrações: Alberto Linares/ Arquivo da editora

ESCREVA UMA ADIÇÃO PARA INDICAR O TOTAL DE DEDOCHES QUE ANDRÉ USOU.

....

FORMANDO 4

A MÃE DE JULIANA E DE LUCIANO PREPAROU 4 POTINHOS DE GELATINA DE MORANGO PARA O LANCHE DA TARDE.

1 ACOMPANHE A HISTÓRIA:

Ilustrações: Nid Arts/Arquivo da editora

JULIANA SEPAROU 3 POTINHOS PARA ELA E 1 POTINHO PARA LUCIANO.

$3 + 1 = 4$

2 **FORME UMA DUPLA PARA DESCOBRIR AS DUAS OUTRAS MANEIRAS DE REPARTIR OS POTINHOS DE GELATINA ENTRE JULIANA E LUCIANO. DESENHE OS POTINHOS DE CADA UM DELES E ESCREVA A ADIÇÃO CORRESPONDENTE.**

Ilustrações: Nid Arts/ Arquivo da editora

ADIÇÃO: ....

ADIÇÃO: ....

3 **DESENHE UMA LINHA EM VOLTA DA CENA QUE MOSTRA JULIANA E LUCIANO COM A MESMA QUANTIDADE DE POTINHOS DE GELATINA.**

FORMANDO 5

1 VEJA COMO CIRO PINTOU OS 5 VAGÕES DO TREM USANDO DUAS CORES.

Nid Arts/Arquivo da editora

2 + 3 = 5

2 É A SUA VEZ! COM UM COLEGA, ESCOLHA DUAS CORES E PINTE OS 5 VAGÕES DE CADA TREM. DEPOIS, COMPLETEM AS ADIÇÕES.

Ilustrações: Nid Arts/Arquivo da editora

.... + ... = ...

.... + ... = ...

.... + ... = ...

3 AGORA, ESCREVA UMA ADIÇÃO PARA INDICAR O TOTAL DE VAGÕES DE ACORDO COM AS CORES A SEGUIR.

Nid Arts/Arquivo da editora

....

FORME UMA DUPLA PARA RESOLVER OS PROBLEMAS A SEGUIR.

SUCO PARA O LANCHE DA TARDE

ELVIRA PREPARA O SUCO PARA O LANCHE DAS CRIANÇAS QUE FREQUENTAM A AULA DE JARDINAGEM. ELA FAZ VÁRIAS RECEITAS DIFERENTES.

Nid Arts/Arquivo da editora

1 **ELVIRA PREPAROU PARA O LANCHE DE HOJE:**

- 6 COPOS DE SUCO DE ABACAXI COM HORTELÃ
- 8 COPOS DE SUCO DE LARANJA COM ACEROLA
- 4 COPOS DE SUCO DE MAMÃO COM LARANJA

QUANTOS COPOS DE SUCO ELVIRA PREPAROU HOJE?

RESPOSTA: ....

2 **DEPOIS DE PRONTOS, ELVIRA SEPAROU TODOS OS COPOS DE SUCO EM DUAS BANDEJAS COM A MESMA QUANTIDADE DE COPOS EM CADA UMA DELAS.**
QUANTOS COPOS ELA COLOCOU EM CADA BANDEJA?

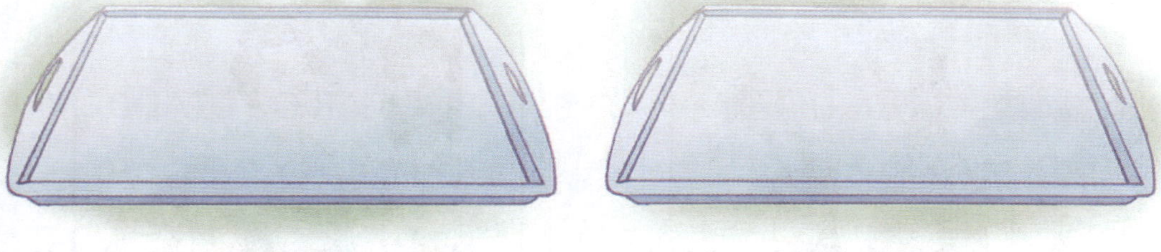
Nid Arts/Arquivo da editora

RESPOSTA: ....

INVENTE UMA RECEITA DE SUCO DIFERENTE! USE A SUA CRIATIVIDADE E BRINQUE DE COZINHEIRO COMO ELVIRA. PEÇA AJUDA A UM ADULTO.

PROBLEMATECA

O ELEVADOR ESTÁ DESCENDO

1 FORME UMA DUPLA PARA INVENTAR UM PROBLEMA DE ADIÇÃO A PARTIR DA SEQUÊNCIA DE CENAS A SEGUIR.

Ilustrações: Nid Arts/Arquivo da editora

2 AGORA, TROQUEM O PROBLEMA QUE VOCÊS INVENTARAM COM OUTRA DUPLA. ASSIM, UMA DUPLA PODERÁ RESOLVER O PROBLEMA DA OUTRA.

AUTOAVALIAÇÃO

O QUE VOCÊ APRENDEU NA **UNIDADE 7**?
MARQUE COM UM **X** A CARINHA QUE MELHOR INDICA A SUA RESPOSTA.

1. EU SEI REPRESENTAR CÍRCULOS, FAZENDO DESENHOS E RECORTANDO PAPEL?			
2. EU SEI IDENTIFICAR ESFERAS?			
3. EU SEI DIFERENCIAR CÍRCULO DE ESFERA?			
4. EU SEI CALCULAR O RESULTADO DE ADIÇÕES?			
5. EU SEI RESOLVER OS PROBLEMAS DO SUCO DA TARDE E DO ELEVADOR?			

SUGESTÕES

PARA LER

- **DESENHANDO FACES,** DE ED EMBERLEY. EDITORA PANDA BOOKS.

QUE TAL DESENHAR VÁRIOS TIPOS DE ROSTOS DE MANEIRA BEM SIMPLES E FÁCIL? SOLTE SUA IMAGINAÇÃO E CRIE MENINOS, PALHAÇOS, BICHOS...

Reprodução/Editora Panda Books

UNIDADE

8 RETIRAR, CALCULAR E COMPARAR

NESTA UNIDADE VOCÊ VAI:

- LER, ESCREVER E COMPARAR NÚMEROS ATÉ 70.
- RESOLVER PROBLEMAS.
- COMPARAR MASSAS USANDO AS EXPRESSÕES "MAIS LEVE" E "MAIS PESADO".

Bruna Sanches Welter/Arquivo da editora

VAMOS COMEÇAR...

JÚLIA E LUCAS ESTAVAM ESPERANDO OS PÃEZINHOS SAÍREM DO FORNO. OBSERVE AS CENAS PARA REALIZAR AS ATIVIDADES A SEGUIR.

1. CONTE A HISTÓRIA DE JÚLIA E LUCAS ILUSTRADA NA CENA.
2. QUANTOS PÃEZINHOS FORAM RETIRADOS DA ASSADEIRA? QUANTOS PÃEZINHOS RESTARAM?
3. VOCÊ JÁ VIVENCIOU ALGUMA SITUAÇÃO COMO ESTA: RETIRAR UMA QUANTIDADE DE UM CONJUNTO DE OBJETOS?

CENA 2

Bruna Sanches Welter/Arquivo da editora

CENA 3

Bruna Sanches Welter/Arquivo da editora

SUBTRAÇÃO

OS BISCOITOS DE BETO

1 RECITE A PARLENDA ABAIXO COM OS SEUS COLEGAS.

FUI NA LATA DE BISCOITOS
LÁ HAVIA 8 BISCOITOS.
A FOME ERA TANTA
QUE TIREI UM, TIREI DOIS,
TIREI TRÊS, TIREI QUATRO,
TIREI CINCO, TIREI SEIS,
TIREI SETE, TIREI OITO,
EU TIREI E COMI TODOS OS BISCOITOS!

PARLENDA POPULAR.

Estúdio Mil/Arquivo da editora

2 COMPLETE OS VERSOS ABAIXO. VOCÊ PODE RISCAR OS BISCOITOS DESENHADOS AO LADO DOS VERSOS OU USAR **MATERIAL DE CONTAGEM** PARA CALCULAR.

A) FUI NA LATA DE BISCOITOS
LÁ HAVIA **10** BISCOITOS.

TIREI **2**, SOBRARAM ____ BISCOITOS.

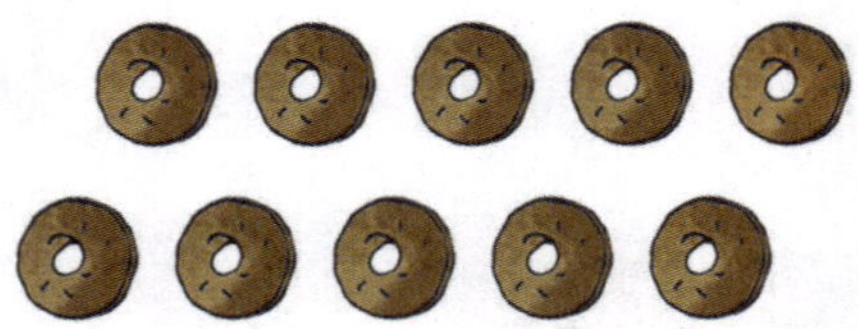

B) FUI NA LATA DE BISCOITOS
LÁ HAVIA **12** BISCOITOS.

TIREI **5**, SOBRARAM ____ BISCOITOS.

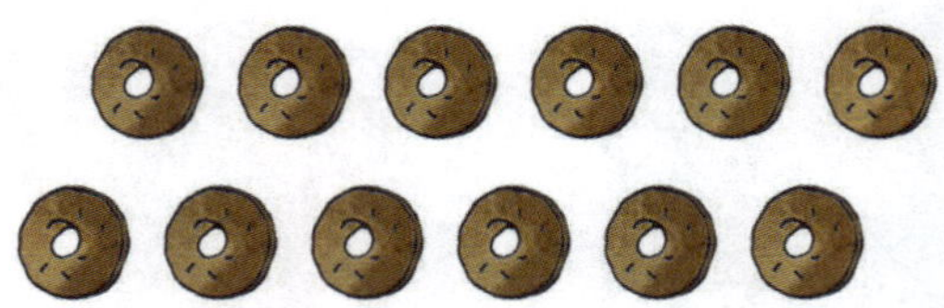

C) FUI NA LATA DE BISCOITOS
LÁ HAVIA **16** BISCOITOS.

TIREI **9**, SOBRARAM ____ BISCOITOS.

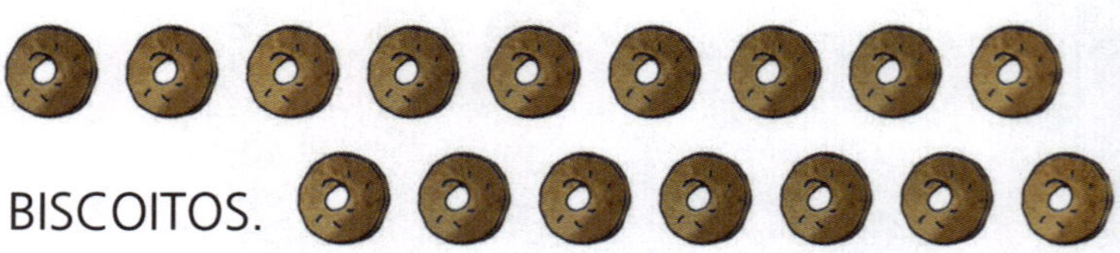

Ilustrações: Alberto Llinares/Arquivo da editora

3 **OBSERVE A ILUSTRAÇÃO E COMPLETE OS VERSOS.**

FUI NA LATA DE BISCOITOS

LÁ HAVIA .... BISCOITOS.

TIREI ...., SOBRARAM .... BISCOITOS.

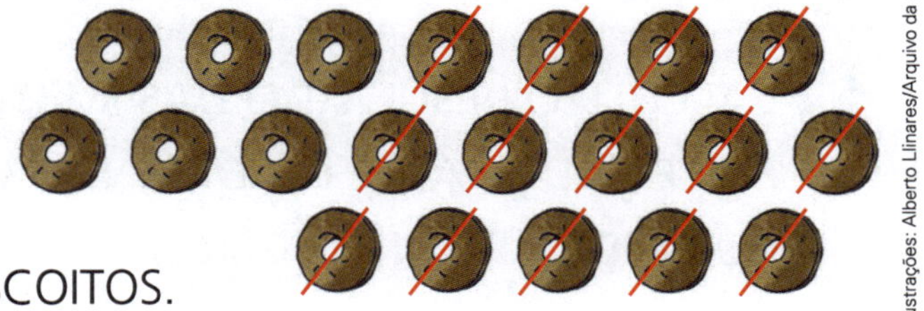

Ilustrações: Alberto Llinares/Arquivo da editora

PODEMOS INDICAR A QUANTIDADE DE BISCOITOS QUE SOBRARAM NA LATA CALCULANDO O RESULTADO DE UMA **SUBTRAÇÃO**:

$$20 - 14 = 6$$

LEMOS ESSA SUBTRAÇÃO ASSIM: VINTE **MENOS** CATORZE **É IGUAL A** SEIS.

4 **CALCULE O RESULTADO E REPRESENTE CADA SUBTRAÇÃO COM UM DESENHO.**

A) $12 - 4 =$ ....

B) $23 - 13 =$ ....

5 **AGORA, INVENTE UMA SUBTRAÇÃO E A REPRESENTE COM DESENHOS.**

QUAL É O RESULTADO?

1 CALCULE O RESULTADO DAS SUBTRAÇÕES E PINTE CADA PARTE DO DESENHO COM A COR INDICADA NA LEGENDA.

COR	RESULTADO
	0
	1
	2
	3
	4
	5
	6

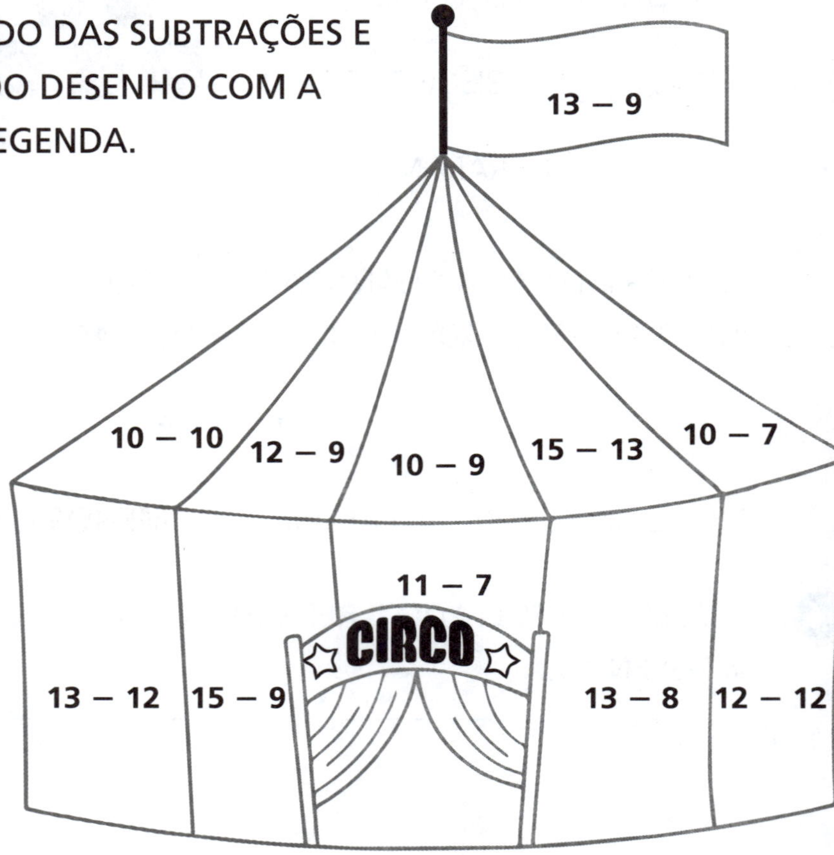

Banco de imagens/Arquivo da editora

2 VAMOS BRINCAR DE **SIGA AS SETAS**?

FAÇA OS CÁLCULOS E ESCREVA OS RESULTADOS NOS ESPAÇOS INDICADOS PELAS SETAS.

A) 5 → + 1 → ____ → + 2 → ____ → – 3 → ____ → – 2 → ____ → + 4 → ____

B) 10 → – 3 → ____ → + 5 → ____ → – 2 → ____ → + 4 → ____ → + 0 → ____

C) 12 → + 1 → ____ → – 2 → ____ → – 3 → ____ → + 2 → ____ → + 5 → ____

CRIE UM **SIGA AS SETAS** E TROQUE COM UM COLEGA, DE MODO QUE UM RESOLVA O QUE O OUTRO CRIOU.

É HORA DE JOGAR

COLHEITA DE MAÇÃS

DESTAQUE O TABULEIRO E OS MARCADORES DE MAÇÃS DO **MATERIAL COMPLEMENTAR** E FORME UMA DUPLA PARA JOGAR.

OUÇAM COM ATENÇÃO AS REGRAS DO JOGO E DIVIRTAM-SE.

VOCÊ GOSTOU DO JOGO? ☐ 👍👍 ☐ 👍 ☐ 👎

DE OLHO EM UMA PARTIDA!

1 OBSERVE OS PONTOS DE 4 JOGADAS DE PEDRO.

1ª JOGADA | 2ª JOGADA | 3ª JOGADA | 4ª JOGADA

Fotos: Thinkstock/Getty Images

2 RISQUE AS MAÇÃS QUE PEDRO TIROU DA ÁRVORE.

Alexandre Benites/Arquivo da editora

3 PEDRO VAI LANÇAR NOVAMENTE O DADO. SERÁ QUE ELE VAI CONSEGUIR, EM **UMA JOGADA**, TIRAR TODAS AS MAÇÃS QUE SOBRARAM NA ÁRVORE? MARQUE COM UM **X** A SUA RESPOSTA.

☐ É **IMPOSSÍVEL** PEDRO RETIRAR TODAS AS MAÇÃS EM **UMA** JOGADA.

☐ **TALVEZ** PEDRO POSSA RETIRAR TODAS AS MAÇÃS EM **UMA** JOGADA.

☐ **COM CERTEZA** PEDRO VAI RETIRAR TODAS AS MAÇÃS EM **UMA** JOGADA.

O JARDIM DA ESCOLA

ALGUNS ALUNOS DO 1º ANO ESTÃO AJUDANDO A FAZER O JARDIM DA ESCOLA.

1 **O GRUPO DE CLARICE RECEBEU MUDAS DE ROSA PARA PLANTAR.**

Nid Arts/Arquivo da editora

CADA UM DE NÓS PLANTOU DUAS MUDAS DE ROSA.

QUANTAS MUDAS DE ROSA O GRUPO DE CLARICE PLANTOU?

RESPOSTA: ....

2 **O GRUPO DE JORGE RECEBEU MUDAS DE MARGARIDA.**

Nid Arts/Arquivo da editora

CADA UM DE NÓS PLANTOU TRÊS MUDAS DE MARGARIDA.

QUANTAS MUDAS DE MARGARIDA O GRUPO DE JORGE PLANTOU?

RESPOSTA: ....

3 **QUANTAS MUDAS DE FLORES FORAM PLANTADAS NO TOTAL?**

RESPOSTA: ....

PROBLEMATECA

NA AULA DE LEITURA...

1 FORME UMA DUPLA PARA INVENTAR UM PROBLEMA A PARTIR DA SEQUÊNCIA DE CENAS A SEGUIR.

CENA 1

Nid Arts/Arquivo da editora

CENA 2

Nid Arts/Arquivo da editora

2 AGORA, TROQUEM COM OUTRA DUPLA O PROBLEMA QUE VOCÊS INVENTARAM. ASSIM, UMA DUPLA PODERÁ RESOLVER O PROBLEMA DA OUTRA.

CONTAR E CALCULAR

QUADRO DE NÚMEROS ATÉ 70

1 CONTE DE **1 EM 1** E COMPLETE O QUADRO COM OS NÚMEROS QUE FALTAM.

1	2	3	4	5	6	7	8	9	10
11	12		14	15		17	18		20
21	22		24	25		27	28		30
31	32		34	35	36	37	38		40
41									50
	52	53	54		56	57	58	59	60
	62	63	64		66	67	68	69	70

2 NO QUADRO ACIMA, PINTE O ☐ CORRESPONDENTE A CADA NÚMERO A SEGUIR. USE AS CORES INDICADAS NA LEGENDA:

- QUARENTA E SETE.
- SESSENTA E SEIS.
- CINQUENTA E TRÊS.
- SESSENTA E NOVE.

3 DESENHE UMA LINHA EM VOLTA DAS MÃOS PARA OBTER **70 DEDOS**.

Fotos: Sergio Dotta Jr./Arquivo da editora

PÁGINAS DO ÁLBUM

ELEMENTOS NÃO PROPORCIONAIS ENTRE SI.

ANA COLOU FIGURINHAS EM ALGUMAS PÁGINAS DE UM ÁLBUM.

1 ESCREVA OS NÚMEROS DAS FIGURINHAS QUE ANA COLOU:

A) NA PÁGINA 6. ....

B) NA PÁGINA 7. ....

Nid Arts/Arquivo da editora

Fotos: Arara: Maciej Czekajewski/Shutterstock, Pavão: Percom/Shutterstock, Pica-pau: Peter Istvan/Shutterstock, Macaco: Sanimfocus/Shutterstock, Elefante: Peter Fodor/Shutterstock, Tigre: Denise Allison Coyle/Shutterstock, Leão: The Len/Shutterstock, Zebra: Amelandfoto/Shutterstock, Girafa: Nataliya Hora/Shutterstock

2 ESCREVA OS NÚMEROS DAS FIGURINHAS QUE ANA COLOU:

A) NA PÁGINA 8. ....

B) NA PÁGINA 9. ....

Nid Arts/Arquivo da editora

Fotos: Orca: Christian Musat/Shutterstock, Tubarão: Alexius Sutandio/Shutterstock, Foca: Ulrike Jordan/Shutterstock, Peixe: Vlad61/Shutterstock, Cavalo-marinho: Frolova_Elena/Shutterstock, Urso panda: Hung Chung Chih/Shutterstock, Esquilo: Mircea C/Shutterstock, Jacaré: Juan Gracia/Shutterstock, Cobra: CappaPhoto/Shutterstock

3 ESCREVA O NÚMERO DA PÁGINA EM QUE ANA COLOU AS FIGURINHAS:

A) 3 FIGURINHAS PÁGINA ....

B) 4 FIGURINHAS PÁGINA ....

C) 5 FIGURINHAS PÁGINA ....

D) 6 FIGURINHAS PÁGINA ....

CONTAGEM "PARA A FRENTE" E "PARA TRÁS"

1 AS MENINAS ESTÃO PULANDO CORDA E CONTANDO OS PULOS DE **1 EM 1**. COMPLETE A CONTAGEM DAS MENINAS.

A) 

59 | 60 | ___ | ___ | ___ | ___

B) 

69 | 70 | ___ | ___ | ___ | ___

C) 

45 | 46 | ___ | ___ | ___ | ___

Ilustrações: Nid Arts/ Arquivo da editora

2 TALES ESTÁ BRINCANDO DE ANDAR DE COSTAS. ELE ESCOLHE UM NÚMERO E CONTA PARA TRÁS OS PASSOS QUE DÁ, DE **1 EM 1**. COMPLETE CADA CONTAGEM DE PASSOS DE TALES.

A) 

56 | 55 | 54 | ___ | ___ | ___

B) 

63 | 62 | 61 | ___ | ___ | ___

C) 

34 | 33 | 32 | ___ | ___ | ___

Ilustrações: Nid Arts/ Arquivo da editora

COMO VOCÊ CALCULA?

CONTAR "PARA TRÁS"

1 LEIA O PROBLEMA A SEGUIR.

LUANA TEM 9 ELÁSTICOS DE CABELO E VAI DAR 3 DESSES ELÁSTICOS PARA A IRMÃ DELA. QUANTOS ELÁSTICOS DE CABELO VÃO SOBRAR PARA LUANA?

MOSTRE NO ESPAÇO ABAIXO COMO VOCÊ PODE RESOLVER ESSE PROBLEMA.

2 VEJA COMO LUANA CALCULA COM QUANTOS ELÁSTICOS ELA VAI FICAR.

Ilustra Cartoon/ Arquivo da editora

EXPLIQUE AOS COLEGAS O CÁLCULO FEITO POR LUANA. VOCÊ CALCULOU DO MESMO MODO QUE ELA?

3 AGORA É A SUA VEZ! CALCULE.

A) 15 − 2 = ...

B) 31 − 1 = ...

C) 28 − 3 = ...

D) 14 − 4 = ...

E) 13 − 5 = ...

F) 20 − 3 = ...

RESOLVENDO MAIS PROBLEMAS

FORME UMA DUPLA PARA RESOLVER OS PROBLEMAS A SEGUIR.

AS FILAS

FILA DE ÔNIBUS, FILA DE CINEMA, FILA PARA O BRINQUEDO, FILA PARA A PIPOCA... QUANTAS FILAS!

1 HAVIA 18 PESSOAS NA FILA ESPERANDO O ÔNIBUS. CHEGARAM OUTRAS 5 PESSOAS. AGORA, QUANTAS PESSOAS ESTÃO ESPERANDO O ÔNIBUS?

RESPOSTA: ....

2 HAVIA 39 PESSOAS NA FILA ESPERANDO A BILHETERIA DO CINEMA ABRIR PARA COMPRAR INGRESSOS. OUTRAS 2 PESSOAS ACABARAM DE ENTRAR NA FILA. AGORA, QUANTAS PESSOAS ESTÃO NA FILA PARA COMPRAR INGRESSOS?

RESPOSTA: ....

3 HAVIA 68 PESSOAS NA FILA PARA A RODA-GIGANTE. O TEMPO FOI PASSANDO, NINGUÉM ENTROU NO BRINQUEDO E 2 PESSOAS DESISTIRAM DE FICAR NA FILA. QUANTAS PESSOAS FICARAM NA FILA?

RESPOSTA: ....

VAMOS FALAR SOBRE...

REGRAS DE CONVIVÊNCIA

EM ALGUMAS SITUAÇÕES PRECISAMOS FICAR EM FILA. CONVERSE COM OS COLEGAS SOBRE AS QUESTÕES:

1. VOCÊ SABE POR QUE AS PESSOAS FORMAM FILAS?
2. VOCÊ JÁ OUVIU A EXPRESSÃO "FURAR FILA"? O QUE ELA SIGNIFICA?
3. VOCÊ ACHA CERTO "FURAR FILA"? POR QUÊ?

OS BRINQUEDOS DOS IRMÃOS

1 BRUNO ESTAVA NA SALA BRINCANDO COM ALGUNS CARRINHOS.

Nid Arts/Arquivo da editora

DEPOIS DE UM TEMPO, ELE FOI PARA O QUARTO LEVANDO 9 CARRINHOS. QUANTOS CARRINHOS BRUNO DEIXOU NA SALA?

RESPOSTA: ....

2 FÁBIO, O IRMÃO DE BRUNO, VAI GUARDAR OS BONECOS EM 2 CAIXAS COM A MESMA QUANTIDADE DE BONECOS EM CADA UMA DELAS.

Nid Arts/Arquivo da editora

QUANTOS BONECOS FÁBIO DEVERÁ COLOCAR EM CADA CAIXA?

RESPOSTA: ....

O DINHEIRO BRASILEIRO

FAZENDO COMPRAS

1 DESENHE UMA LINHA EM VOLTA DAS CÉDULAS QUE FORMAM O **VALOR EXATO** PARA COMPRAR CADA BRINQUEDO.

ELEMENTOS NÃO PROPORCIONAIS ENTRE SI.

A) LUCIANA QUER COMPRAR UM URSINHO DE PELÚCIA.

AM-STUDIO/Shutterstock

Fotos: Reprodução/Casa da Moeda do Brasil/Ministério da Fazenda

B) SUZANA QUER COMPRAR UM JOGO DE TABULEIRO.

Golubka57/Shutterstock

Fotos: Reprodução/Casa da Moeda do Brasil/Ministério da Fazenda

C) RICARDO QUER COMPRAR UMA BOLA DE VOLEIBOL.

Monticello/Shutterstock

Fotos: Reprodução/Casa da Moeda do Brasil/Ministério da Fazenda

2 QUEM COMPROU O BRINQUEDO **MAIS CARO**? ....

3 QUEM COMPROU O BRINQUEDO **MAIS BARATO**? ....

COMPRAS PARA O LANCHE DA TARDE

1 TIAGO E OS FILHOS DELE FORAM À PADARIA FAZER COMPRAS PARA O LANCHE DA TARDE. ACOMPANHE O DIÁLOGO ENTRE ELE E O VENDEDOR:

Nid Arts/Arquivo da editora

2 QUANTOS REAIS TIAGO VAI PAGAR PELA COMPRA?

RESPOSTA: ....

3 NA HORA DE PAGAR, TIAGO DEU UMA NOTA DE 20 REAIS. ESSE VALOR É MAIOR OU MENOR DO QUE O VALOR DA COMPRA?

4 TIAGO VAI RECEBER DINHEIRO DE VOLTA? QUANTOS REAIS?

RESPOSTA: ....

MAIS LEVE, MAIS PESADO

UM EXPERIMENTO NA SALA DE AULA

RICARDO QUER DESCOBRIR QUAL DOS OBJETOS É O MAIS LEVE.

Ilustra Cartoon/ Arquivo da editora

AGORA É COM VOCÊ!

1 **PEGUE DOIS OBJETOS QUE VOCÊ USA NA SALA DE AULA E SEGURE UM EM CADA MÃO.**

PARA VOCÊ, QUAL DOS OBJETOS É O **MAIS PESADO**?

2 **ESCOLHA OUTRO OBJETO DA SUA SALA DE AULA QUE VOCÊ CONSIGA SEGURAR EM UMA DAS MÃOS.**

A) PEGUE ESSE OBJETO E CADA UM DOS OBJETOS UTILIZADOS NA QUESTÃO ANTERIOR, SEGURANDO UM EM CADA MÃO. PARA VOCÊ, QUAL DOS TRÊS OBJETOS ESCOLHIDOS É O **MAIS LEVE**?

B) FAÇA UM DESENHO DOS TRÊS OBJETOS ESCOLHIDOS, DO **MAIS LEVE** PARA O **MAIS PESADO**.

3 **MARIANA PENSOU NOS OBJETOS QUE FICAM NA SALA DA CASA ONDE ELA MORA. OBSERVE:**

Nid Arts/Arquivo da editora

PARA MARIANA, O OBJETO **MAIS LEVE** É O PORTA-RETRATOS. JÁ O SOFÁ É **MUITO PESADO**.

4 **RESPONDA:**

A) QUAL OBJETO DA SALA DE MARIANA VOCÊ ACHA QUE **NÃO** É MUITO PESADO?

B) QUAL OBJETO DA SALA DE MARIANA VOCÊ ACHA QUE É MUITO PESADO?

5 **AGORA, PENSE EM DOIS OBJETOS DA SUA CASA PARA FAZER UMA ESTIMATIVA.**

A) EM QUAIS OBJETOS VOCÊ PENSOU?

B) PARA VOCÊ, QUAL DESSES OBJETOS É O **MAIS LEVE**?

C) QUAL OBJETO DA SUA CASA VOCÊ ACHA QUE É **MUITO PESADO**?

EM CASA, PEÇA A AJUDA DE UM ADULTO PARA CONFERIR SUAS RESPOSTAS E DESCOBRIR QUAIS OBJETOS VOCÊ NÃO DEVE PEGAR OU CARREGAR SOZINHO OU MESMO COM A AJUDA DE ALGUÉM.

A BALANÇA DE PRATOS

RICARDO LEVOU PARA A ESCOLA UMA BALANÇA DE DOIS PRATOS QUE GANHOU NO SEU ANIVERSÁRIO.

ELEMENTOS NÃO PROPORCIONAIS ENTRE SI.

1 OBSERVE O QUE RICARDO DESCOBRIU.

Ilustra Cartoon/ Arquivo da editora

Estúdio Mil/ Arquivo da editora

Estúdio Mil/ Arquivo da editora

2 MARQUE COM UM **X** A FRASE VERDADEIRA DE ACORDO COM A INDICAÇÃO DE CADA BALANÇA:

A)

Estúdio Mil/ Arquivo da editora

☐ O ABACAXI É MAIS PESADO DO QUE A MANGA.

☐ O ABACAXI É MAIS LEVE DO QUE A MANGA.

B)

Estúdio Mil/ Arquivo da editora

☐ A MANGA É MAIS LEVE DO QUE A GOIABA.

☐ A MANGA É MAIS PESADA DO QUE A GOIABA.

C) ORDENE AS FRUTAS, DA **MAIS LEVE PARA A MAIS PESADA**, ESCREVENDO OS NÚMEROS DE **1 A 3**.

☐ 

Maks Narodenko/ Shutterstock

☐ 

Nor Gal/ Shutterstock

☐ 

Artush/Shutterstock

AUTOAVALIAÇÃO

O QUE VOCÊ APRENDEU NA **UNIDADE 8**? MARQUE COM UM **X** A CARINHA QUE MELHOR INDICA A SUA RESPOSTA.

1. EU SEI LER, ESCREVER E COMPARAR NÚMEROS ATÉ 70?			
2. EU SEI CALCULAR O RESULTADO DE SUBTRAÇÕES?			
3. EU SEI CONTAR "PARA A FRENTE" E "PARA TRÁS" PARA FAZER CÁLCULOS?			
4. EU SEI RESOLVER PROBLEMAS ENVOLVENDO ADIÇÃO E SUBTRAÇÃO?			
5. EU SEI REPARTIR IGUALMENTE EM DOIS OU MAIS GRUPOS UMA QUANTIDADE DE OBJETOS?			
6. EU SEI COMPARAR DOIS OBJETOS E DIZER QUAL OBJETO É MAIS PESADO DO QUE O OUTRO?			

SUGESTÕES

PARA LER

- **JUJU NA COZINHA DA CARLOTA**, DE CARLA PERNAMBUCO E PINKY WAINER, EDITORA CARAMELO.

APRENDA A FAZER RECEITAS SIMPLES DE SALGADOS, DOCES E BEBIDAS. NESTE LIVRO CARLA E JUJU – SUA FILHA E APRENDIZ TALENTOSA – COMPARTILHAM COM LEITORES DE TODAS AS IDADES SUA PAIXÃO PELA COZINHA. E DESEJAM QUE TODOS SE DIVIRTAM E... RASPEM O PRATO!

Reprodução/Editora Caramelo

UNIDADE

9 COMPARAR CAPACIDADES E CONTAR

NESTA UNIDADE VOCÊ VAI:

- IDENTIFICAR OBJETOS QUE LEMBRAM CILINDROS E CONES.
- COMPARAR CAPACIDADES USANDO AS EXPRESSÕES "CABE MAIS" E "CABE MENOS".
- PESQUISAR O SABOR DE SUCO PREFERIDO DA SUA TURMA E CONSTRUIR UM GRÁFICO.
- COMPARAR QUANTIAS EM DINHEIRO.
- DIVIDIR IGUALMENTE UMA QUANTIDADE PARA FORMAR GRUPOS.

VAMOS COMEÇAR...

OBSERVE A CENA PARA RESPONDER ÀS PERGUNTAS.

1. VOCÊ JÁ AJUDOU ALGUÉM A CONFEITAR UM BOLO OU UM DOCE?
2. O BOLO QUE ESTÁ SENDO CONFEITADO LEMBRA UMA FIGURA GEOMÉTRICA. VOCÊ SABE O NOME DESSA FIGURA?
3. MARQUE COM UM **X** A CASQUINHA QUE SERÁ RECHEADA COM DOCE DE LEITE.

QUAL DESSAS CASQUINHAS VAMOS RECHEAR COM DOCE DE LEITE?
A CASQUINHA EM QUE CABE MAIS.
Bruna Sanches Welter/Arquivo da editora

FIGURAS GEOMÉTRICAS

FORMAS ARREDONDADAS

VOCÊ JÁ CONHECE UMA FIGURA GEOMÉTRICA ESPACIAL QUE É ARREDONDADA: A **ESFERA**.

Alamy/Glow Images

ESTA PEÇA DE MADEIRA LEMBRA UMA **ESFERA**.

1 **OBSERVE AS FOTOGRAFIAS DE ALGUNS OBJETOS QUE ENCONTRAMOS NO DIA A DIA.**

Fotonium/Shutterstock

Design56/Shutterstock

ESSES OBJETOS LEMBRAM UMA FIGURA GEOMÉTRICA CHAMADA **CILINDRO**.

REPRESENTAÇÃO DE UM CILINDRO.

Cristina Xavier/Fotoarena

PEÇA DE MADEIRA.

2 **AGORA, OBSERVE OUTRAS FOTOGRAFIAS.**

Vetkit/Shutterstock

ELEMENTOS NÃO PROPORCIONAIS ENTRE SI.

Evikka/Shutterstock

O CHAPEUZINHO E A CASQUINHA DE SORVETE LEMBRAM UMA FIGURA GEOMÉTRICA CHAMADA **CONE**.

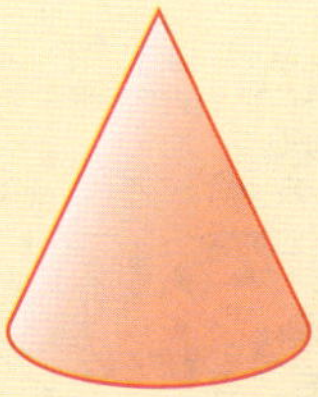

REPRESENTAÇÃO DE UM CONE.

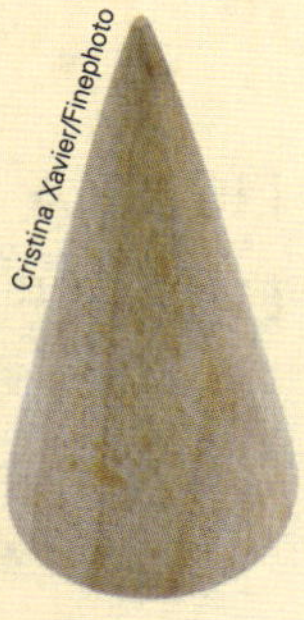

Cristina Xavier/Finephoto

PEÇA DE MADEIRA.

3 PEGUE UMA PORÇÃO DE MASSINHA DE MODELAR E CONSTRUA DUAS PEÇAS: UMA QUE LEMBRE UM **CILINDRO** E UMA QUE LEMBRE UM **CONE**.

Nid Arts/Arquivo da editora

4 PROCURE NA ESCOLA OU EM CASA OBJETOS QUE LEMBREM UM **CILINDRO** E OBJETOS QUE LEMBREM UM **CONE**. DEPOIS, MOSTRE ESSES OBJETOS PARA OS COLEGAS.

COM QUAL FIGURA SE PARECE?

1 LIGUE A IMAGEM DE CADA OBJETO AO NOME DA FIGURA GEOMÉTRICA QUE ELE LEMBRA.

Alamy/Glow Images

BLOCO RETANGULAR

Thinkstock/Getty Images

ESFERA

ELEMENTOS NÃO PROPORCIONAIS ENTRE SI.

Thinkstock/Getty Images

CUBO

Patrycja Gawlas/Shutterstock

CONE

Hemera Technologies/PhotoObjects.net/Getty Images

CILINDRO

S-ts/Shutterstock

PADRÕES COM FIGURAS GEOMÉTRICAS

1 OBSERVE A SEQUÊNCIA DE FIGURAS GEOMÉTRICAS A SEGUIR PARA IDENTIFICAR UM PADRÃO.

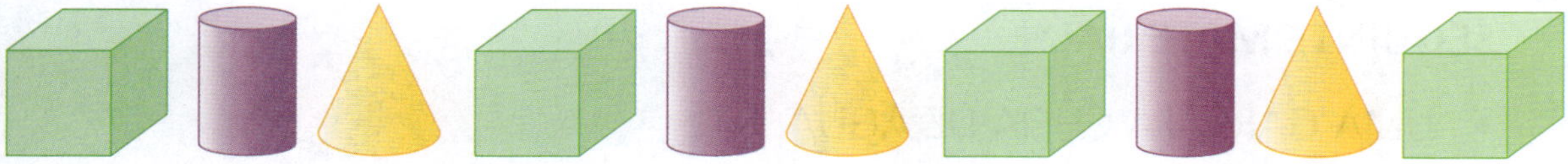

Banco de imagens/
Arquivo da editora

A) DESENHE UMA LINHA EM VOLTA DAS FIGURAS QUE FORMAM O PADRÃO DESSA SEQUÊNCIA.

B) MARQUE COM UM **X** AS PRÓXIMAS FIGURAS DA SEQUÊNCIA ANTERIOR A PARTIR DO ÚLTIMO CUBO.

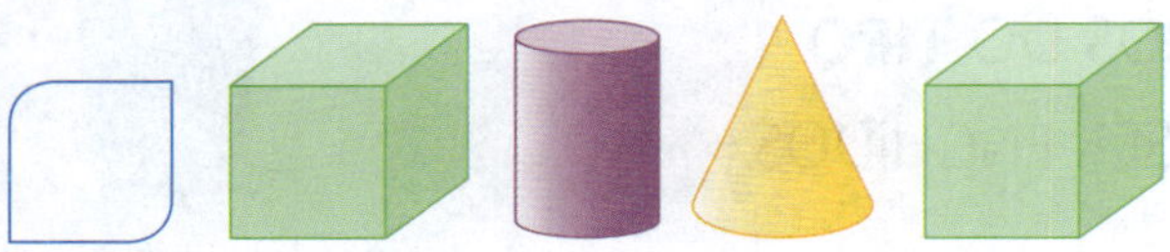

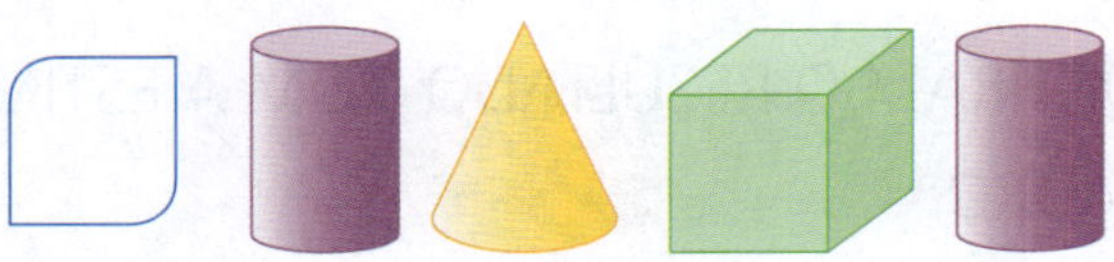

2 OBSERVE OUTRA SEQUÊNCIA DE FIGURAS GEOMÉTRICAS.

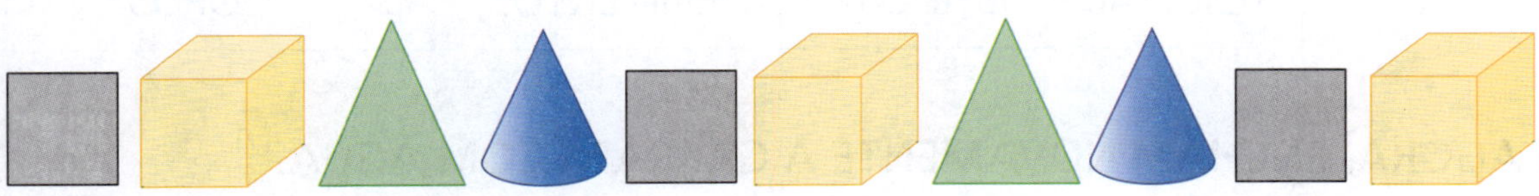

MARQUE COM UM **X** AS PRÓXIMAS FIGURAS DA SEQUÊNCIA ANTERIOR A PARTIR DO ÚLTIMO CUBO.

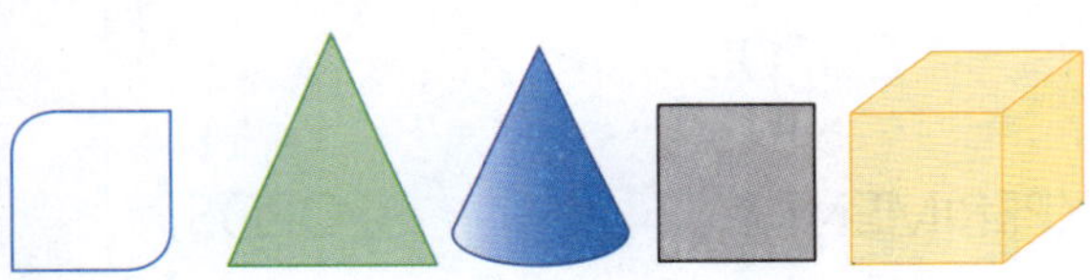

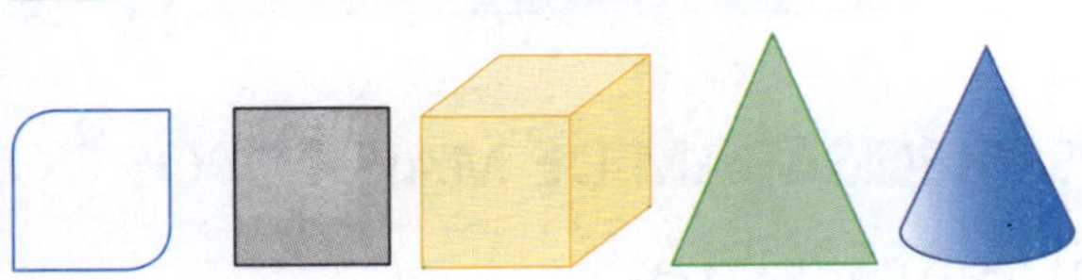

CABE MAIS, CABE MENOS

FAZENDO UM EXPERIMENTO

1 **FORME UM GRUPO PARA FAZER UM EXPERIMENTO. PREPAREM O SEGUINTE MATERIAL:**

- UMA GARRAFA CHEIA DE ÁGUA.
- COPOS PLÁSTICOS DE 2 TAMANHOS DIFERENTES.

2 **DESCUBRAM QUANTOS COPOS DO TIPO 1 PODEM SER ENCHIDOS COM A ÁGUA DE UMA GARRAFA CHEIA.**

Sergio Dotta Jr./Arquivo da editora

A) ANTES DE COMEÇAR, FAÇAM UMA **ESTIMATIVA**: QUANTOS COPOS DO **TIPO 1** VOCÊS ACHAM QUE PODEM SER ENCHIDOS SEM TRANSBORDAR?

B) REALIZEM O EXPERIMENTO E CONFIRAM O RESULTADO COM A ESTIMATIVA. COMPLETEM AS FRASES DO QUADRO:

NOSSA ESTIMATIVA: .... COPOS.

RESULTADO OBTIDO NO EXPERIMENTO: .... COPOS.

3 **AGORA, ENCHAM NOVAMENTE A GARRAFA COM ÁGUA.**

A) QUANTOS COPOS DO **TIPO 2** VOCÊS ACHAM QUE PODEM SER ENCHIDOS?

B) REALIZEM NOVAMENTE O EXPERIMENTO PARA CONFERIR A ESTIMATIVA.

NOSSA ESTIMATIVA: .... COPOS.

RESULTADO OBTIDO NO EXPERIMENTO: .... COPOS.

4 **PARA ESVAZIAR A GARRAFA VOCÊS PRECISARAM DE MAIS COPOS DO TIPO 1 OU DO TIPO 2? EXPLIQUE SUA RESPOSTA.**

JARRAS DE SUCO

1 FORME UM GRUPO PARA OBSERVAR AS JARRAS QUE SOFIA USA PARA COLOCAR SUCO.

Nid Arts/Arquivo da editora

EM QUAL DAS JARRAS VOCÊS ACHAM QUE CABE MAIS SUCO?

2 AGORA, OBSERVEM A MAIOR QUANTIDADE DE COPOS IGUAIS QUE CADA JARRA CHEIA DE SUCO PODE ENCHER.

Nid Arts/Arquivo da editora

A) EM QUAL JARRA CABE MAIS SUCO? ....

B) E EM QUAL JARRA CABE MENOS SUCO? ....

C) QUAL É A JARRA COM A MAIOR CAPACIDADE? ....

D) QUAL É A JARRA COM A MENOR CAPACIDADE? ....

PESQUISA DE PREFERÊNCIA

SUCO DE FRUTA PREFERIDO

ESTA É UMA ATIVIDADE QUE PODERÁ SER FEITA COM TODA A SUA TURMA. É UMA **PESQUISA SOBRE O SUCO DE FRUTA PREFERIDO**.

1 FORME UM GRUPO PARA REALIZAR ESSA PESQUISA. SIGAM ALGUMAS ORIENTAÇÕES:

1º) PENSEM EM UMA MANEIRA DE **REGISTRAR A RESPOSTA** DOS ENTREVISTADOS.

2º) APRESENTEM O **RESULTADO DA PESQUISA**.

Nid Arts/Arquivo da editora

3º) PARA TERMINAR, CONVERSEM SOBRE AS **CONCLUSÕES** DE VOCÊS E SOBRE O RESULTADO DA PESQUISA.

CONSTRUINDO UM GRÁFICO

1 AGORA, REPRESENTEM O RESULTADO DA PESQUISA EM UM **GRÁFICO DE COLUNAS**. USE O QUADRICULADO ABAIXO.

FONTE: ....

2 CONVERSE COM AS PESSOAS COM QUEM VOCÊ MORA SOBRE SUA PESQUISA. APRESENTE O GRÁFICO E EXPLIQUE OS RESULTADOS!

CONECTANDO SABERES

DESPERDÍCIO DE ÁGUA

A ÁGUA É ESSENCIAL À VIDA DOS SERES VIVOS. POR ISSO, NÃO PODE SER DESPERDIÇADA. A MUDANÇA DE PEQUENOS HÁBITOS EM NOSSO DIA A DIA PODE CONTRIBUIR PARA EVITARMOS O DESPERDÍCIO DE ÁGUA.

1 **OBSERVE NAS SITUAÇÕES A SEGUIR QUANTOS LITROS DE ÁGUA FORAM GASTOS.**

5 MINUTOS

ESCOVAR OS DENTES POR 5 MINUTOS COM A TORNEIRA ABERTA GASTA CERCA DE **12 LITROS DE ÁGUA**...

5 MINUTOS

... MAS, COM A TORNEIRA FECHADA, APENAS **MEIO LITRO DE ÁGUA** É USADO.

10 MINUTOS

TOMAR BANHO COM O REGISTRO ABERTO POR 10 MINUTOS PODE GASTAR **30 LITROS DE ÁGUA**...

10 MINUTOS

... MAS FECHAR O REGISTRO PARA SE ENSABOAR, USANDO A ÁGUA APENAS PARA SE ENXAGUAR, GASTA CERCA DE **10 LITROS DE ÁGUA**.

Ilustrações: Fernanda Silveira

FONTE: SABESP. DISPONÍVEL EM: <http://site.sabesp.com.br/site/interna/default.aspx?secaoid=595>. ACESSO EM: 29 MAR. 2018.

2 CONVERSE COM OS COLEGAS SOBRE AS SITUAÇÕES MOSTRADAS NAS IMAGENS. QUAL ATITUDE AJUDOU A EVITAR O DESPERDÍCIO DE ÁGUA EM CADA SITUAÇÃO?

3 **OBSERVE O GASTO DE ÁGUA (EM LITROS) NO CASO DE UMA TORNEIRA, UM CHUVEIRO NORMAL OU UMA DUCHA FICAREM ABERTOS DURANTE 1 MINUTO.**

A) EM QUE TIPO DE BANHO É GASTO O MAIOR NÚMERO DE LITROS DE ÁGUA EM 1 MINUTO: EM UM CHUVEIRO NORMAL OU EM UMA DUCHA?

B) SE A TORNEIRA DA PIA DO BANHEIRO FICAR ABERTA DURANTE 3 MINUTOS, QUANTOS LITROS DE ÁGUA SERÃO GASTOS?

CONTAR E CALCULAR

CHEGANDO ATÉ O 100

LAÍS SABE CONTAR ATÉ 100.

Thinkstock/Getty Images

1 E VOCÊ, SABE CONTAR ATÉ QUAL NÚMERO, SEM PULAR?

2 AJUDE LAÍS ESCREVENDO OS NÚMEROS QUE FALTAM NO QUADRO DE NÚMEROS ATÉ **100**.

1	2	3	4		6	7	8		10
11		13		15	16		18	19	
	22		24		26	27	28		30
31	32	33		35	36		38	39	
41	42	43	44	45		47		49	
		53	54		56	57	58	59	60
61	62		64	65		67	68	69	
	72	73		75	76		78	79	80
81	82		84	85		87		89	90
91		93	94	95	96	97		99	100

3 NO QUADRO ACIMA, PINTE O ☐ CORRESPONDENTE A CADA NÚMERO A SEGUIR. USE AS CORES INDICADAS NA LEGENDA:

- O **MAIOR** NÚMERO DO QUADRO.
- OS NÚMEROS **MAIORES** DO QUE **35** E **MENORES** DO QUE **47**.
- OS NÚMEROS QUE ESTÃO **ENTRE 87** E **99**.

4 CONTE, DE **10 EM 10**, DO NÚMERO **10** ATÉ O NÚMERO **100**.

DIFERENTES CONTAGENS

1 **EM CADA QUADRO, PINTE DE ACORDO COM A REGRA INDICADA.**

A) CONTINUE CONTANDO E PINTANDO DE **2 EM 2**.

1	2	3	4	5	6	7	8	9	10
11	12	13	14	15	16	17	18	19	20
21	22	23	24	25	26	27	28	29	30
31	32	33	34	35	36	37	38	39	40

B) CONTINUE CONTANDO E PINTANDO DE **5 EM 5**.

41	42	43	44	45	46	47	48	49	50
51	52	53	54	55	56	57	58	59	60
61	62	63	64	65	66	67	68	69	70
71	72	73	74	75	76	77	78	79	80

2 **DESCUBRA A REGRA DE CADA SEQUÊNCIA E ESCREVA OS NÚMEROS QUE FALTAM.**

A) 45, 44, 43, 42, ..., 40, ..., 38, ..., ...

B) 5, 10, 15, 20, ..., 30, ..., 40, ..., 50, 55

3 **AGORA, DESCUBRA A REGRA USADA PARA ESCREVER OS NÚMEROS NA RETA E COMPLETE OS ESPAÇOS INDICADOS.**

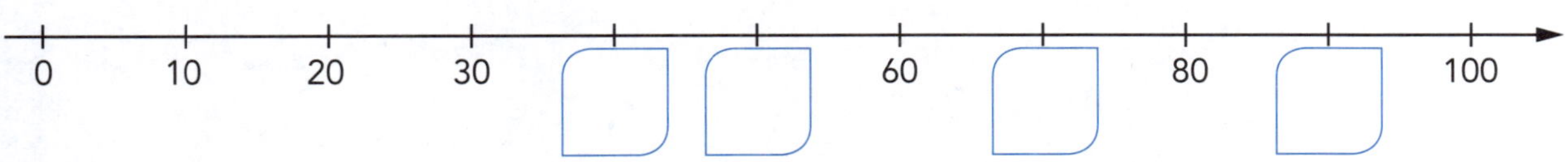

FORMANDO 10

PARA FAZER ESTA ATIVIDADE, VOCÊ PODE USAR **MATERIAL DE CONTAGEM**, CONTAR NOS DEDOS OU "CALCULAR DE CABEÇA".

1 LIGUE DOIS NÚMEROS DE CORES DIFERENTES QUE, ADICIONADOS, RESULTEM EM **10**. DEPOIS, ESCREVA AS ADIÇÕES CORRESPONDENTES.

0 1 2 3 4 5   5 6 7 8 9 10

DUAS ADIÇÕES JÁ FORAM CALCULADAS. OBSERVE:

2 + 8 = 10	OU	8 + 2 = 10
	OU	
	OU	
	OU	
	OU	

2 EM CADA LINHA, PINTE TRÊS CARTÕES DE NÚMEROS QUE JUNTOS FORMAM O **TOTAL 10**.

A) 1 3 4 2 6

B) 9 7 8 2 1

QUAL É O RESULTADO?

1 PINTE CADA FIGURA ABAIXO USANDO TRÊS CORES DIFERENTES. DEPOIS, ESCREVA UMA ADIÇÃO CORRESPONDENTE AO NÚMERO DE QUADRADOS DE CADA COR.
A PRIMEIRA FIGURA JÁ FOI COLORIDA PARA VOCÊ.

$3 + 5 + 6 = 14$

A)

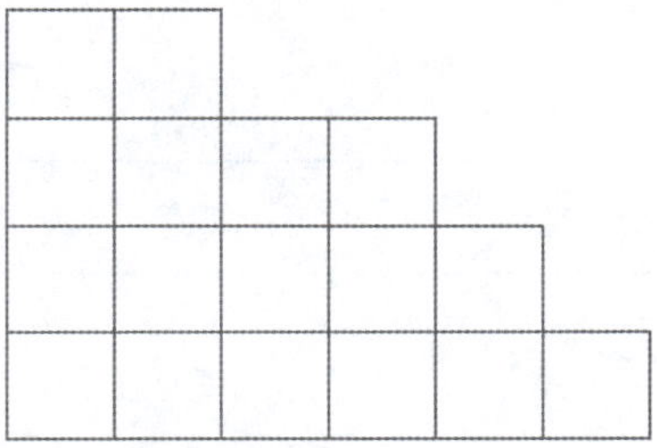

.... + ... + ... = ...

C)

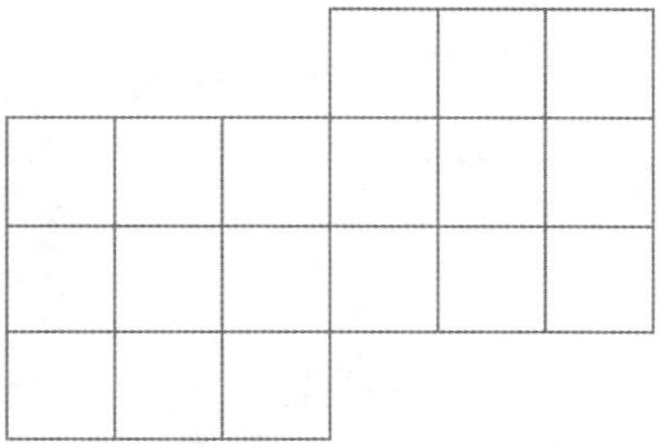

.... + ... + ... = ...

B)

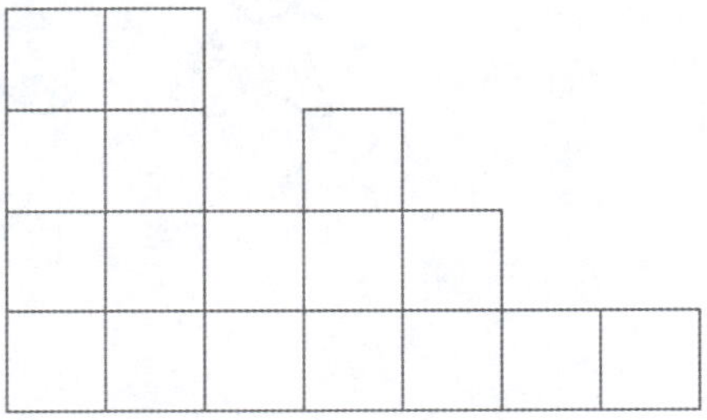

.... + ... + ... = ...

D)

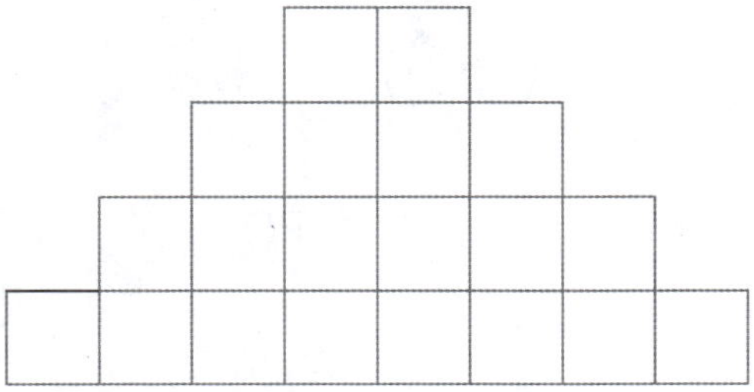

.... + ... + ... = ...

2 FAÇA OS CÁLCULOS E ESCREVA OS RESULTADOS NOS ESPAÇOS INDICADOS PELAS SETAS.

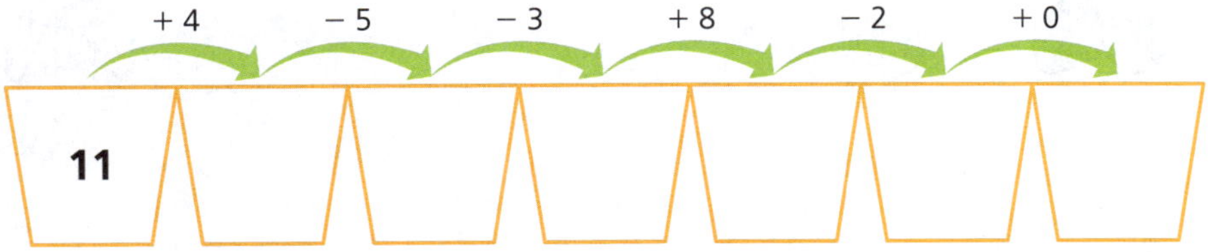

BRINCADEIRA DE PESCARIA

TATIANE E ROBERTO ESTÃO BRINCANDO DE PESCARIA. A CADA DOIS PEIXES QUE ELES PESCAM, DEVEM JUNTAR OS PONTOS. VENCE A RODADA QUEM CONSEGUIR O **MAIOR** NÚMERO DE PONTOS.

1 CALCULE QUANTOS PONTOS ELES FIZERAM EM CADA RODADA.

PRIMEIRA RODADA

TATIANE

.... PONTOS

ROBERTO

.... PONTOS

Banco de imagens/Arquivo da editora

SEGUNDA RODADA

TATIANE

.... PONTOS

ROBERTO

.... PONTOS

Banco de imagens/Arquivo da editora

TERCEIRA RODADA

TATIANE

.... PONTOS

ROBERTO

.... PONTOS

Banco de imagens/Arquivo da editora

2 TATIANE E ROBERTO CONTINUAM BRINCANDO DE PESCARIA. OBSERVE QUANTOS PONTOS ELES FIZERAM NA QUARTA RODADA.

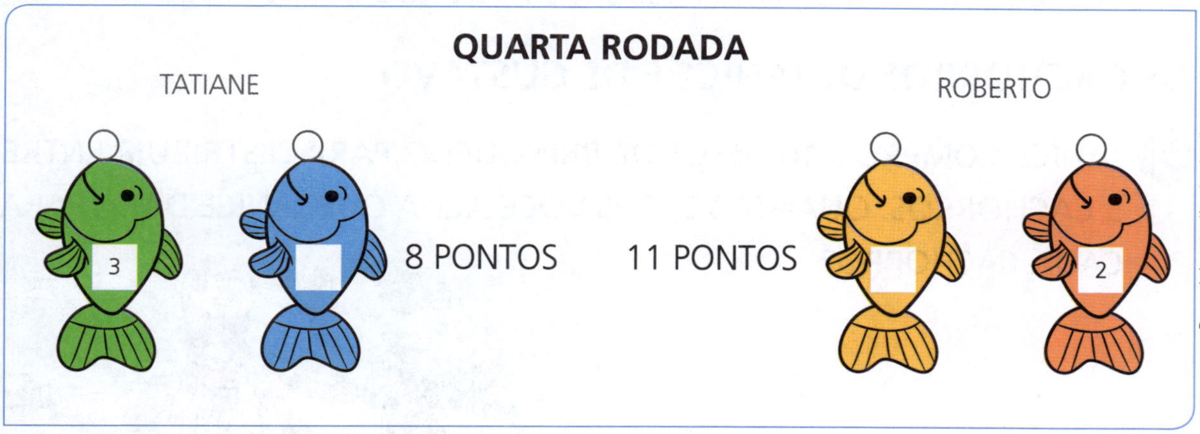

Banco de imagens/Arquivo da editora

AGORA, COMPLETE OS PEIXES COM O NÚMERO DE PONTOS QUE FALTAM.

3 CONTINUE COMPLETANDO O NÚMERO DE PONTOS QUE FALTAM NOS PEIXES DAS RODADAS SEGUINTES.

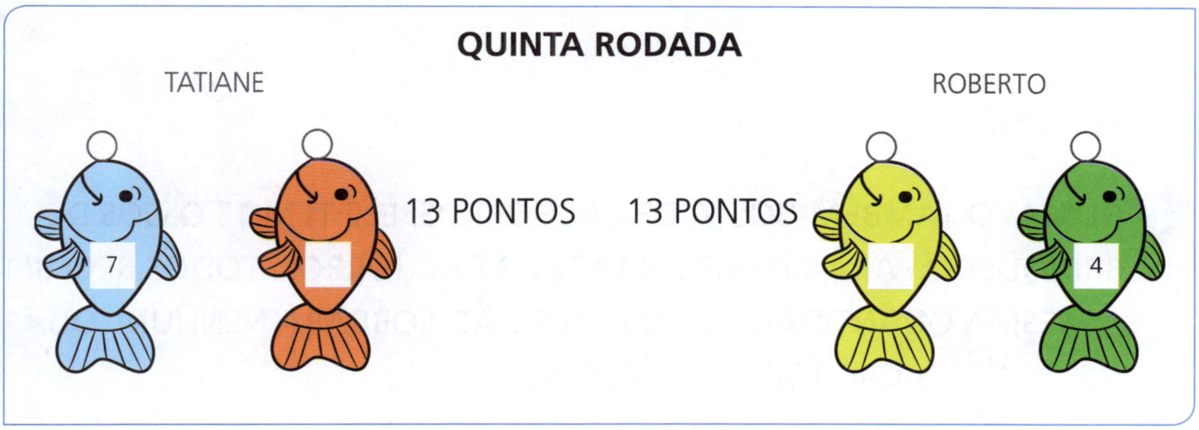

Banco de imagens/Arquivo da editora

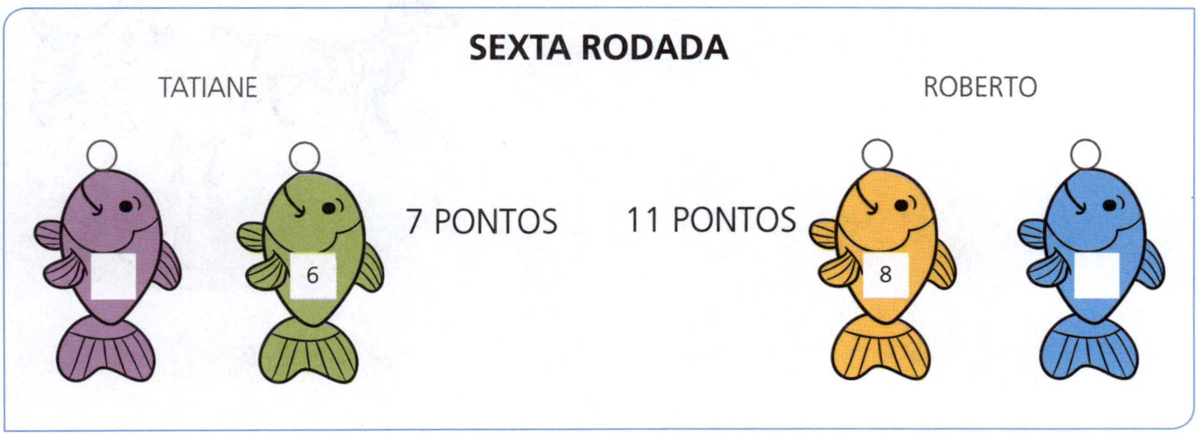

Banco de imagens/Arquivo da editora

4 FAÇA UM **X** NO NOME DO VENCEDOR DE CADA RODADA.

FORME UMA DUPLA PARA RESOLVER OS PROBLEMAS A SEGUIR.

OS CACHORROS DE JANICE E DE GUSTAVO

1 JANICE COMPROU 10 OSSOS DE BRINQUEDO PARA DISTRIBUIR ENTRE 5 CACHORROS. QUANTOS OSSOS VOCÊ ACHA QUE JANICE DARÁ PARA CADA CACHORRO?

Alexandre Benites/Arquivo da editora

RESPOSTA: ....

2 GUSTAVO TAMBÉM GOSTA DE CACHORROS. ELE TEM 15 OSSOS DE BRINQUEDO PARA DISTRIBUIR ENTRE 3 CACHORROS. TODOS RECEBERÃO A MESMA QUANTIDADE DE OSSOS E NÃO SOBRARÁ NENHUM. QUANTOS OSSOS CADA CACHORRO RECEBERÁ?

Alexandre Benites/Arquivo da editora

RESPOSTA: ....

A TURMA ESTÁ COMPLETA!

1 HOJE A TURMA DA PROFESSORA MÁRCIA ESTÁ COMPLETA! OBSERVE QUANTOS ALUNOS HÁ NA TURMA:

Nid Arts/Arquivo da editora

A) DURANTE A AULA DE LÍNGUA PORTUGUESA, ALGUNS ALUNOS FORAM À BIBLIOTECA PEGAR LIVROS EMPRESTADOS. NA SALA, FICARAM 14 ALUNOS. QUANTOS ALUNOS FORAM À BIBLIOTECA?

RESPOSTA: ....

B) OUTROS 5 ALUNOS TAMBÉM SAÍRAM DA SALA PARA PEGAR MATERIAIS NA SECRETARIA DA ESCOLA PARA UMA ATIVIDADE. QUANTOS ALUNOS FICARAM NA SALA DE AULA AGUARDANDO TODOS OS COLEGAS QUE SAÍRAM?

RESPOSTA: ....

PROBLEMATECA

QUEM ESCOLHEU CADA LIVRO?

LUZIA LEVOU OS SOBRINHOS A UMA LIVRARIA PARA QUE CADA UM ESCOLHESSE UM NOVO LIVRO DE LEITURA.

1 **OBSERVE O NOME E O PREÇO DE CADA LIVRO ESCOLHIDO.**

Nid Arts/Arquivo da editora

2 **PARA DESCOBRIR O LIVRO QUE CADA CRIANÇA ESCOLHEU, SIGA AS PISTAS:**

PISTAS:

- MARTA ESCOLHEU O LIVRO MAIS BARATO;
- DANILO ESCOLHEU UM LIVRO MAIS CARO QUE O DE MARTA E MAIS BARATO QUE O DE FÁBIO;
- FÁBIO ESCOLHEU UM LIVRO QUE CUSTOU ENTRE 35 E 40 REAIS;
- ANITA ESCOLHEU O LIVRO MAIS CARO DE TODOS.

3 **COMPLETAR O QUADRO ABAIXO DE ACORDO COM AS PISTAS PODE AJUDAR VOCÊ A DESCOBRIR O NOME E O PREÇO DO LIVRO QUE CADA CRIANÇA ESCOLHEU. QUE TAL TENTAR?**

NOME DA CRIANÇA	NOME DO LIVRO	PREÇO
MARTA		
DANILO		
FÁBIO		
ANITA		

AUTOAVALIAÇÃO

O QUE VOCÊ APRENDEU NA **UNIDADE 9**?
MARQUE COM UM **X** A CARINHA QUE MELHOR INDICA A SUA RESPOSTA.

1. EU SEI RECONHECER OBJETOS QUE LEMBRAM UMA ESFERA, UM CILINDRO E UM CONE?			
2. EU SEI COMPARAR DUAS GARRAFAS DIFERENTES E DIZER EM QUAL DELAS CABE MAIS ÁGUA?			
3. EU SEI FAZER PESQUISA SOBRE SABOR DE SUCO PREFERIDO DA MINHA TURMA E REPRESENTAR OS RESULTADOS POR MEIO DE UM GRÁFICO DE BARRAS?			
4. EU SEI FAZER CONTAGENS, LER E ESCREVER NÚMEROS ATÉ 100?			

SUGESTÕES

PARA LER

- **O PÉ DE MEIA MÁGICO**, DE ÁLVARO MODERNELL, EDITORA MAIS ATIVOS.

DOIS IRMÃOS, MUITO AMIGOS, PENSAM E AGEM DE MANEIRAS DIFERENTES EM VÁRIAS SITUAÇÕES... MAS, O QUE ACONTECERÁ QUANDO ELES CONHECEREM A FADINHA FORTUNA? SERÁ QUE TAMBÉM CONTINUARÃO PENSANDO DIFERENTE SOBRE O USO DO DINHEIRO?

BIBLIOGRAFIA

LIVROS

BORIN, J. *Jogos e resolução de problemas:* uma estratégia para as aulas de Matemática. São Paulo: Caem-IME/USP, 2008. 100 p. (Coleção Ensino Fundamental, v. 6).

BOYER, C. B.; MERZBACH, U. C. *História da Matemática*. Tradução de Helena Castro. 3. ed. São Paulo: Edgard Blücher/Edusp, 2012. 424 p.

CARDOSO, V. C. *Materiais didáticos para as quatro operações*. São Paulo: Caem-IME/USP, 2008. 78 p. (Coleção Ensino Fundamental, v. 2).

FRIEDMANN, A. *A arte de brincar:* brincadeiras e jogos tradicionais. Petrópolis: Vozes, 2003. 216 p.

HADJI, C. *Avaliação desmistificada*. Tradução de Patrícia C. Ramos. Porto Alegre: Artmed, 2007. 136 p.

IFRAH, G. *Os números:* a história de uma grande invenção. Tradução de Stella M. de Freitas Senra. 11. ed. São Paulo: Globo, 2005. 368 p.

ITACARAMBI, R. R. *O jogo como recurso pedagógico para trabalhar Matemática na escola básica*. São Paulo: Livraria da Física, 2013. 158 p.

KAUFMAN, A. M.; RODRÍGUEZ, M. E. *Escola, leitura e produção de textos*. Tradução de Inajara Rodrigues. Porto Alegre: Artmed, 1995. 179 p.

LOPES, M. L. M. L. (Coord.). *Tratamento da informação:* explorando dados estatísticos e noções de probabilidade a partir das séries iniciais. Rio de Janeiro: Projeto Fundão/UFRJ, 1997. 50 p.

MACEDO, L.; PETTY, A. L. S.; PASSOS, N. C. *Aprender com jogos e situações-problema*. Porto Alegre: Artmed, 2000. 120 p.

MACHADO, N. J. *Matemática e língua materna:* a análise de uma impregnação mútua. 6. ed. São Paulo: Cortez, 2011. 208 p.

MUNIZ, C. A. *Brincar e jogar:* enlaces teóricos e metodológicos no campo da Educação Matemática. São Paulo: Autêntica, 2010. 148 p.

NUNES, T. et al. *Educação matemática:* números e operações numéricas. 2. ed. São Paulo: Cortez, 2009. 208 p.

PARRA, C. et al. *Didática da Matemática:* reflexões psicopedagógicas. Tradução de Juan Acunã Llores. Porto Alegre: Artmed, 1996. 258 p.

POZO, J. I. (Org.). *A solução de problemas:* aprender a resolver, resolver para aprender. Tradução de Beatriz Affonso Nunes. Porto Alegre: Artmed, 1995.

REAME, E. *Uma reflexão sobre a ideia de competência e implicações educacionais*. Tese (Doutorado em Ensino de Ciências e Matemática). Faculdade de Educação/USP, São Paulo, 2010. 132 p.

_______. *Matemática na Educação Infantil:* sequências didáticas e projetos de trabalho. 2. ed. São Paulo: Saraiva, 2013. 112 p.

________ et al. *Matemática no dia a dia da educação infantil:* rodas, cantos, brincadeiras e histórias. 2. ed. São Paulo: Saraiva, 2013. 192 p.

REY, B. *As competências transversais em questão*. Tradução de Álvaro Manuel Marfan Lewis. Porto Alegre: Artmed, 2002. 232 p.

SADOVSKY, P. *O ensino de Matemática hoje:* enfoques, sentidos e desafios. Tradução de Antonio de Padua Danesi. São Paulo: Ática, 2010. 112 p.

SANMARTÍ, N. *Avaliar para aprender*. Tradução de Carlos Henrique Lucas Lima. Porto Alegre: Artmed, 2009. 136 p.

SCHNEUWLY, B. et al. *Gêneros orais e escritos na escola*. Tradução de Glais Sales Cordeiro e Roxane Rojo. Campinas/São Paulo: Mercado de Letras, 2004. 240 p.

SOLÉ, I. *Estratégias de leitura*. Tradução de Cláudia Schilling. 6. ed. Porto Alegre: Artmed, 1998. 194 p.

STAREPRAVO, A. R. *Jogando com a Matemática:* números e operações. Curitiba: Aymará, 2010. 244 p.

ZABALA, A.; ARNAU, L. *Como aprender e ensinar competências*. Tradução de Carlos Henrique Lucas Lima. Porto Alegre: Artmed, 2010. 198 p.

DOCUMENTOS OFICIAIS

BRASIL. Ministério da Educação. *Base Nacional Comum Curricular*. Proposta preliminar. Terceira versão revista. Brasília, 2017. Disponível em: <http://basenacionalcomum.mec.gov.br/images/BNCCpublicacao.pdf>. Acesso em: 26 out. 2017.

BRASIL. Ministério da Educação. Secretaria de Educação Básica. Diretoria de Currículos e Educação Integral. *Diretrizes Curriculares Nacionais da Educação Básica*. Brasília, 2013.

________. *Elementos conceituais e metodológicos para definição dos direitos de aprendizagem e desenvolvimento do ciclo de alfabetização (1º, 2º e 3º anos) do Ensino Fundamental*. Brasília, 2012.

________. *Ensino Fundamental de nove anos:* orientações para a inclusão da criança de seis anos de idade. Brasília, 2007.

________. *Guia de livros didáticos:* PNLD 2016: Alfabetização Matemática e Matemática, Ensino Fundamental nos anos iniciais. Brasília, 2015.

________. *Indagações sobre currículo*. Brasília, 2007. Disponível em: <http://portal.mec.gov.br/seb/arquivos/pdf/ensfund/indag5.pdf>. Acesso em: 26 out. 2017.

________. *Pacto Nacional pela Alfabetização na Idade Certa (Pnaic):* Cadernos de formação – Matemática. Brasília, 2014.

BRASIL. Ministério da Educação. Secretaria da Educação Fundamental. *Parâmetros Curriculares Nacionais:* apresentação dos temas transversais. Brasília, 1997.

________. *Parâmetros Curriculares Nacionais para o Ensino Fundamental*. Brasília, 1997.

SITES

Banco Central do Brasil. Disponível em: <www.bcb.gov.br>. Acesso em: 26 out. 2017.

Instituto Brasileiro de Geografia e Estatística (IBGE). Disponível em: <www.ibge.gov.br>. Acesso em: 26 out. 2017.

Mapa do brincar. Disponível em: <http://mapadobrincar.folha.com.br/>. Acesso em: 26 out. 2017.

Ministério da Saúde. Disponível em: <www.saude.gov.br>. Acesso em: 26 out. 2017.

Plenarinho: o jeito criança de ser cidadão. Disponível em: <www.plenarinho.gov.br>. Acesso em: 26 out. 2017.

MATERIAL PARA A ATIVIDADE DA **PÁGINA 24**.

Ilustrações: Nid Arts/Arquivo da editora

O JOGO DO TREM

MATERIAL PARA O JOGO DA **PÁGINA 46**.

Alan Carvalho/Arquivo da editora

O JOGO DO TREM

NÚMERO DE JOGADORES: 2.

MATERIAL:

- 1 TABULEIRO PARA CADA JOGADOR;
- 1 DADO;
- 29 OU MAIS MARCADORES.

OBJETIVO: CHEGAR À LOCOMOTIVA.

REGRAS:

1ª OS JOGADORES DECIDEM QUEM COMEÇARÁ A PARTIDA. PARA ISSO, PODEM RECITAR A PARLENDA ABAIXO.

> COROA, COROINHA
> SALSA, CEBOLINHA
> UM, DOIS, TRÊS
>
> PARLENDA POPULAR.

2ª CADA JOGADOR, NA SUA VEZ, LANÇA O DADO E PEGA A QUANTIDADE CORRESPONDENTE DE MARCADORES PARA COBRIR OS VAGÕES DO TREM. CADA MARCADOR DEVE SER COLOCADO EM 1 VAGÃO DIFERENTE, COMEÇANDO PELO ÚLTIMO VAGÃO.

3ª O VENCEDOR SERÁ O JOGADOR QUE CHEGAR À LOCOMOTIVA PRIMEIRO.

A CONQUISTA DO CASTELO

MATERIAL PARA O JOGO DA **PÁGINA 91**.

Ilustra Cartoon/Arquivo da editora

Ilustra Cartoon/Arquivo da editora

COLE AQUI.

Ilustra Cartoon/Arquivo da editora

A CONQUISTA DO CASTELO

NÚMERO DE JOGADORES: 2 OU MAIS.

MATERIAL:

- 1 TABULEIRO;
- 2 DADOS;
- MARCADORES DE CORES DIFERENTES (UM PARA CADA JOGADOR).

OBJETIVO: CHEGAR AO CASTELO.

REGRAS:

1ª OS JOGADORES DECIDEM QUEM COMEÇARÁ A PARTIDA. PARA ISSO, PODEM RECITAR A PARLENDA ABAIXO.

> SALADA, SALADINHA,
> BEM TEMPERADINHA,
> COM SAL, PIMENTA,
> UM, DOIS, TRÊS.
> FOGO, FOGUINHO, FOGÃO!
>
> PARLENDA POPULAR.

2ª O PRIMEIRO JOGADOR LANÇA OS DADOS E CONTA QUANTOS PONTOS FORAM OBTIDOS.

3ª EM SEGUIDA, AVANÇA NO TABULEIRO A QUANTIDADE DE CASAS CORRESPONDENTE AOS PONTOS OBTIDOS NOS DADOS.

4ª SE O JOGADOR PARAR EM UMA CASA ONDE HÁ UM DRAGÃO, ELE DEVE FICAR SEM JOGAR NA PRÓXIMA RODADA.

5ª DEPOIS É A VEZ DO PRÓXIMO JOGADOR, E ASSIM POR DIANTE.

6ª GANHA A PARTIDA QUEM CHEGAR PRIMEIRO À CASA DO NÚMERO **50**.

COLHEITA DE MAÇÃS

MATERIAL PARA O JOGO DA **PÁGINA 139**.

Ilustrações: Alexandre Benites/Arquivo da editora

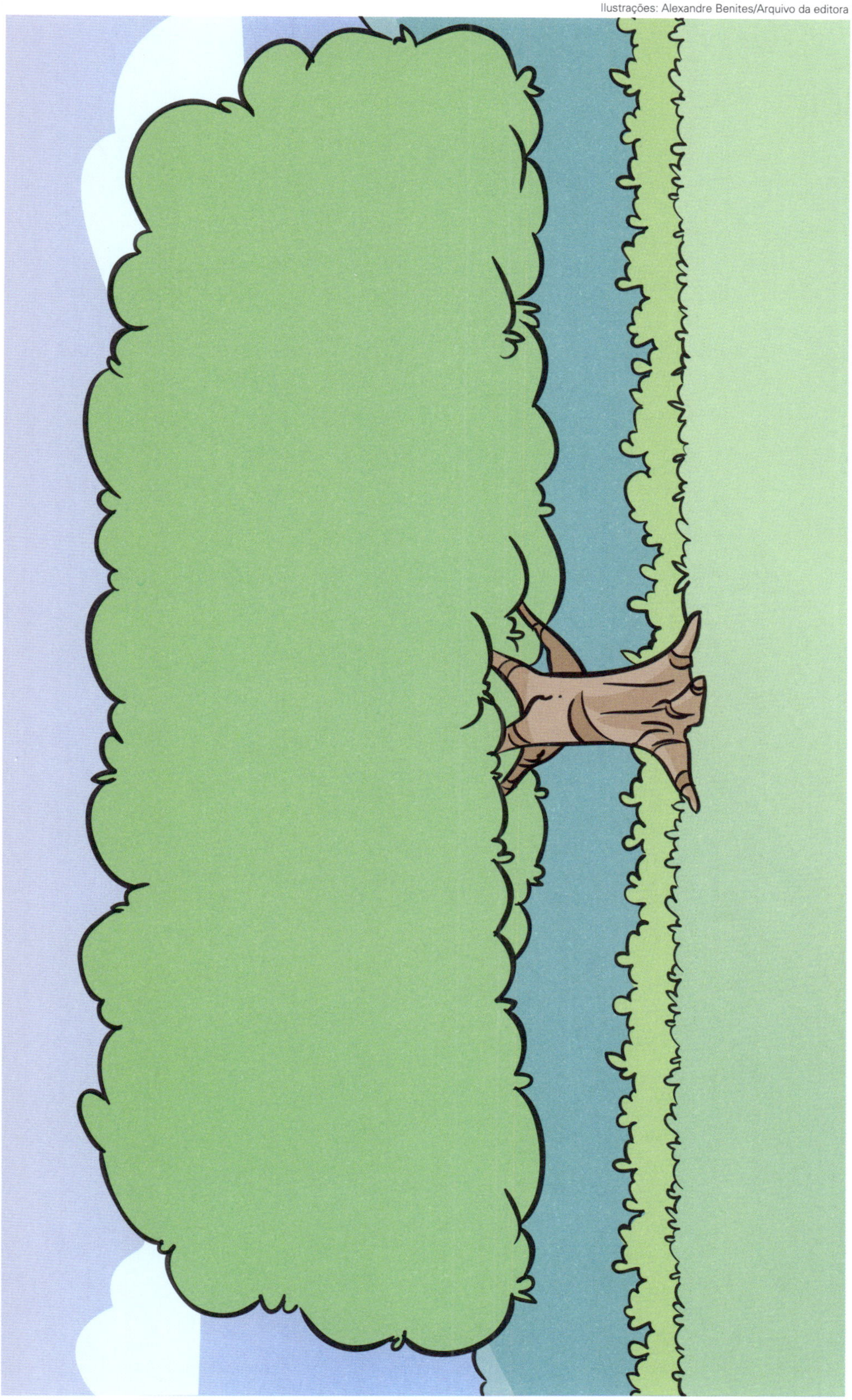

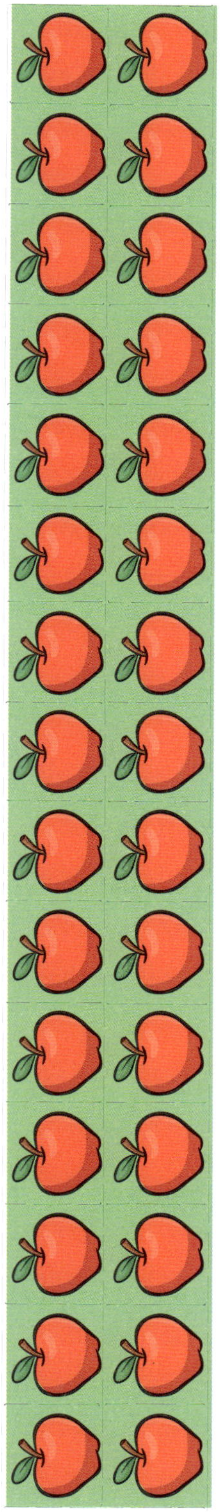

COLHEITA DE MAÇÃS

NÚMERO DE JOGADORES: 2 OU MAIS.

MATERIAL:

- 1 TABULEIRO PARA CADA JOGADOR;
- 1 DADO;
- 30 MARCADORES (FICHAS DE MAÇÃS) PARA CADA JOGADOR.

OBJETIVO: RETIRAR TODAS AS MAÇÃS DA MACIEIRA.

REGRAS:

1ª CADA JOGADOR DEVE COLOCAR TODOS OS MARCADORES NA COPA DA MACIEIRA DO SEU TABULEIRO.

2ª OS JOGADORES DECIDEM QUEM COMEÇARÁ A PARTIDA. PARA ISSO, PODEM RECITAR A PARLENDA ABAIXO.

BANANINHA PINTADINHA
QUANTAS PINTAS VOCÊ TEM?
VOCÊ TEM NOVENTA E NOVE
FALTA UMA PARA CEM!

PARLENDA POPULAR.

3ª CADA JOGADOR, NA SUA VEZ, LANÇA O DADO E CONTA O NÚMERO DE PONTOS OBTIDOS. EM SEGUIDA, RETIRA DA MACIEIRA A QUANTIDADE DE MAÇÃS CORRESPONDENTE AO NÚMERO DE PONTOS QUE SAIU NO DADO.

4ª DEPOIS É A VEZ DO PRÓXIMO JOGADOR, E ASSIM POR DIANTE.

5ª O VENCEDOR SERÁ O JOGADOR QUE COLHER TODAS AS MAÇÃS DO SEU TABULEIRO PRIMEIRO.

MOEDAS

Fotos: Reprodução/Casa da Moeda do Brasil/Ministério da Fazenda

Fotos: Reprodução/Casa da Moeda do Brasil/Ministério da Fazenda

CÉDULAS

Fotos: Reprodução/Casa da Moeda do Brasil/Ministério da Fazenda

Fotos: Reprodução/Casa da Moeda do Brasil/Ministério da Fazenda

CÉDULAS

Fotos: Reprodução/Casa da Moeda do Brasil/Ministério da Fazenda

Fotos: Reprodução/Casa da Moeda do Brasil/
Ministério da Fazenda

LIGAMUNDO

MATEMÁTICA

ELIANE REAME

CADERNO DE ATIVIDADES

NOME: ______________________________ TURMA: ________

ESCOLA: ______________________________

1º ano
Ensino Fundamental • Anos Iniciais

Editora Saraiva
São Paulo – 1ª edição – 2018

Editora Saraiva

Direção geral: Guilherme Luz
Direção editorial: Luiz Tonolli e Renata Mascarenhas
Gestão de projeto editorial: Tatiany Renó
Gestão e coordenação de área: Julio Cesar Augustus de Paula Santos e Juliana Grassmann dos Santos
Edição: Letícia Mancini Martins
Gerência de produção editorial: Ricardo de Gan Braga
Planejamento e controle de produção: Paula Godo, Roseli Said e Marcos Toledo
Revisão: Hélia de Jesus Gonsaga (ger.), Kátia Scaff Marques (coord.), Rosângela Muricy (coord.), Ana Paula C. Malfa, Carlos Eduardo Sigrist, Larissa Vazquez, Luiz Gustavo Bazana e Paula T. de Jesus.
Arte: Daniela Amaral (ger.), André Gomes Vitale (coord.), Cristina Nogueira da Silva (edição de arte)
Diagramação: MRS Editorial
Iconografia: Sílvio Kligin (ger.), Roberto Silva (coord.), Douglas Cometti (pesquisa iconográfica)
Licenciamento de conteúdos de terceiros: Thiago Fontana (coord.), Flavia Zambon (licenciamento de textos), Erika Ramires, Luciana Pedrosa Bierbauer e Claudia Rodrigues (analistas adm.)
Tratamento de imagem: Cesar Wolf e Fernanda Crevin
Ilustrações: Nid Arts
Design: Gláucia Correa Koller (ger.), Flávia Dutra (proj. gráfico), Talita Guedes da Silva (capa) e Gustavo Natalino Vanini (assist. arte)

Avenida das Nações Unidas, 7221, 1º andar, Setor A – Espaço 2 – Pinheiros – SP – CEP 05425-902
SAC 0800 011 7875
www.editorasaraiva.com.br

2023

Código da obra CL 800643
CAE 627962 (AL) / 627965 (PR)
1ª edição
9ª impressão

Impressão e acabamento Gráfica Elyon

Uma publicação SOMOS EDUCAÇÃO

APRESENTAÇÃO

NESTE CADERNO VOCÊ VAI ENCONTRAR OUTRAS ATIVIDADES E DIFERENTES PROBLEMAS PARA RESOLVER.

BOM ESTUDO E VAMOS LÁ!

Nid Arts/Arquivo da editora

SUMÁRIO

Nid Arts/Arquivo da editora

Nid Arts/Arquivo da editora

Nid Arts/Arquivo da editora

ATIVIDADE 1

A GALINHA DO VIZINHO

1 VOCÊ CONHECE A PARLENDA "A GALINHA DO VIZINHO"?

A GALINHA DO VIZINHO
BOTA OVO AMARELINHO...

Nid Arts/Arquivo da editora

CONTINUE RECITANDO A PARLENDA. DESENHE E ESCREVA O NÚMERO DE OVOS EM CADA VERSO.

BOTA 1
BOTA 2
BOTA ....
BOTA ....
BOTA ....
BOTA 6
BOTA ....
BOTA ....
BOTA 9
BOTA ....

Nid Arts/Arquivo da editora

ATIVIDADE 2

OS DEDOCHES

1 PINTE O NÚMERO DE DEDOCHES QUE CADA MENINA FEZ, DE ACORDO COM O NÚMERO INDICADO.

MARIANA TAÍS

SABRINA CAROL

Nid Arts/Arquivo da editora

2 DESENHE 4 DEDOCHES NO ESPAÇO ABAIXO.

ATIVIDADE 3

COMPLETANDO QUADROS

1 PINTE OS QUADRADINHOS DE CADA LINHA DE ACORDO COM O NÚMERO INDICADO.

2										
9										
7										
0										
4										
3										
8										
6										
1										
5										

2 AGORA, ESCREVA A QUANTIDADE DE CADA FRUTA.

....

....

....

....

Ilustrações: Nid Arts/Arquivo da editora

3 COMPLETE A SEQUÊNCIA DE NÚMEROS DE 1 A 10.

(1) (2) (3) ( ) ( ) ( ) ( ) ( ) ( ) ( )

ATIVIDADE 4

OS DIAS DA SEMANA

CADA DIA DA SEMANA ESTÁ REPRESENTADO POR UM BALÃO COLORIDO.

1 QUANTOS DIAS TEM UMA SEMANA? ....

2 DESENHE UMA LINHA EM VOLTA DOS BALÕES DOS DIAS DA SEMANA EM QUE VOCÊ TEM AULA.

Ilustrações: Nid Arts/Arquivo da editora

3 PINTE O NOME DO DIA DA SEMANA DE HOJE.

DOMINGO	SEGUNDA-FEIRA	TERÇA-FEIRA
QUARTA- FEIRA	QUINTA-FEIRA	SEXTA-FEIRA
	SÁBADO	

ATIVIDADE 5

PRATINHOS DE DOCE

OBSERVE OS DOCES NO PRATINHO DE MÁRIO.

Nid Arts/Arquivo da editora

1 QUANTOS DOCES HÁ NO PRATINHO DE MÁRIO? ....

2 ROMEU TEM **MAIS DOCES** DO QUE MÁRIO.

A) DESENHE OS DOCES NO PRATINHO DE ROMEU.

B) QUANTOS DOCES VOCÊ DESENHOU?

....

3 DANILO TEM **MENOS DOCES** DO QUE ROMEU.

A) DESENHE DOCES NO PRATINHO DE DANILO.

B) QUANTOS DOCES VOCÊ DESENHOU?

....

4 QUEM TEM **MAIS DOCES**: MÁRIO OU ROMEU? MARQUE COM UM **X**.

☐ MÁRIO ☐ ROMEU

5 QUEM TEM **MAIS DOCES**: DANILO OU ROMEU? MARQUE COM UM **X**.

☐ DANILO ☐ ROMEU

ATIVIDADE 6

A ESTANTE DE TALITA

1 TALITA GOSTA MUITO DE LER E BRINCAR. VEJA A ESTANTE DO QUARTO DELA.

Nid Arts/Arquivo da editora

TALITA VAI GUARDAR 6 (SEIS) NOVOS LIVROS E 1 (UM) BONECO NA PRATELEIRA MAIS ALTA DESSA ESTANTE.

A) DESENHE OS LIVROS E OS BONECOS QUE TALITA VAI GUARDAR NA PRATELEIRA.

B) QUANTOS LIVROS HAVIA NA ESTANTE ANTES DE TALITA GUARDAR OS NOVOS? ....

C) QUANTOS LIVROS HÁ NA ESTANTE AGORA? ....

D) QUANTOS BONECOS HÁ NA ESTANTE AGORA?

....

E) SE TALITA EMPRESTAR 3 LIVROS PARA SUA PRIMA, QUANTOS LIVROS FICARÃO NA ESTANTE? ....

OS CARRINHOS

VEJA OS CARRINHOS DE JOÃO.

Nid Arts/Arquivo da editora

PAULA ESTÁ CHEGANDO PARA BRINCAR COM JOÃO. ELA TROUXE 5 CARRINHOS.

1 DESENHE OS CARRINHOS DE PAULA.

2 QUANTOS CARRINHOS OS AMIGOS TÊM PARA BRINCAR?

....

CAIXA DE BRINQUEDOS

1 **QUANDO EDUARDA TERMINA DE BRINCAR, ELA GUARDA SEUS BRINQUEDOS EM UMA CAIXA. VEJA OS BRINQUEDOS QUE ELA GUARDOU.**

Nid Arts/Arquivo da editora

A) QUANTOS BRINQUEDOS EDUARDA GUARDOU NA CAIXA?

....

B) EDUARDA SE ESQUECEU DE GUARDAR SEUS 5 (CINCO) ROBÔS. DESCUBRA QUANTOS BRINQUEDOS ESTARÃO NA CAIXA DEPOIS QUE ELA GUARDAR OS ROBÔS.

RESPOSTA: ....

2 **EDUARDA GANHOU UM TRENZINHO PARA MONTAR. ELA JÁ ENCAIXOU 7 (SETE) VAGÕES E AINDA HÁ OUTROS 5 (CINCO) PARA ENCAIXAR. QUANTOS VAGÕES FORMARÃO O TRENZINHO?**

RESPOSTA: ....

ATIVIDADE 7

QUAL É A POSIÇÃO?

1. DESENHE UMA LINHA EM VOLTA DO VEÍCULO QUE ESTÁ EM **SEGUNDO LUGAR** NA FILA.

Nid Arts/Arquivo da editora

2. FAÇA UM **X** NO BARCO QUE ESTÁ **ENTRE** OS BARCOS DE COR AMARELA E VERMELHA.

Nid Arts/Arquivo da editora

3. PINTE DE **MARROM** A CORUJA QUE ESTÁ NO GALHO **MAIS ALTO** DA ÁRVORE.

Nid Arts/Arquivo da editora

ATIVIDADE 8

A BANDA DOS MONSTROS

HENRIQUE E SEUS AMIGOS ESTÃO BRINCANDO COM O JOGO **A BANDA DOS MONSTROS**. NESTE JOGO, CADA AMIGO É UM MONSTRO E ELES PODEM TOCAR VÁRIOS INSTRUMENTOS MUSICAIS.

1 OBSERVE ALGUMAS CENAS DO JOGO.

A) FAÇA UM **X** NO MONSTRO QUE ESTÁ **EM CIMA** DA BATERIA.

Nid Arts/Arquivo da editora

B) DESENHE UMA LINHA EM VOLTA DO MONSTRO QUE ESTÁ TOCANDO **DE COSTAS** PARA VOCÊ.

Nid Arts/Arquivo da editora

C) O MONSTRO DE 8 MÃOS ESTÁ DE COSTAS PARA VOCÊ. PINTE OS INSTRUMENTOS MUSICAIS QUE ESTÃO **À ESQUERDA** DELE.

Nid Arts/Arquivo da editora

ATIVIDADE 9

QUAL É O NÚMERO DO SEU CALÇADO?

A PROFESSORA VERA FEZ UMA PESQUISA PARA SABER O NÚMERO DOS CALÇADOS USADOS PELOS SEUS ALUNOS.

CADA ALUNO RECEBEU O DESENHO DE UM PÉ E ESCREVEU O NÚMERO DO SEU CALÇADO.

DEPOIS, VERA FEZ UM GRÁFICO PARA MOSTRAR O RESULTADO DA PESQUISA.

NÚMERO DOS CALÇADOS DOS ALUNOS DO 1º ANO

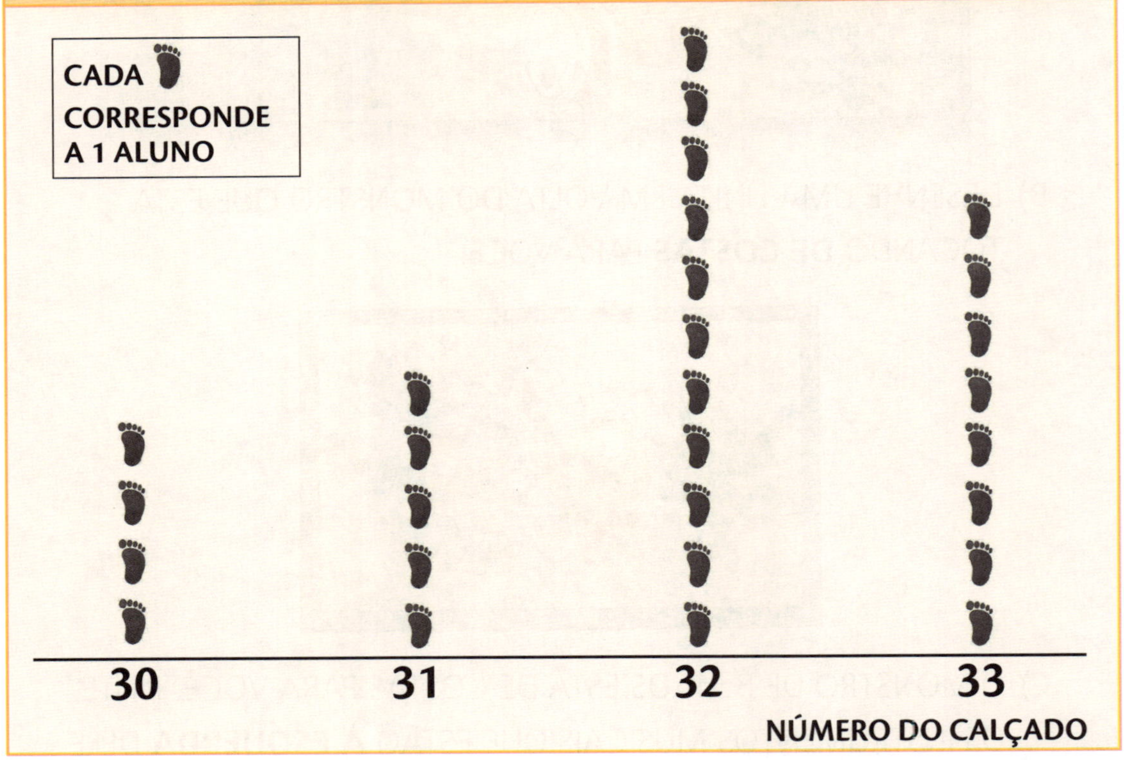

Nid Arts/Arquivo da editora

FONTE: ALUNOS DO 1º ANO (DADOS FICTÍCIOS).

1 COMPLETE A TABELA ABAIXO DE ACORDO COM O GRÁFICO.

NÚMERO DOS CALÇADOS DOS ALUNOS DO 1º ANO

NÚMERO DO CALÇADO	30	31	32	33
NÚMERO DE ALUNOS	4			

FONTE: ALUNOS DO 1º ANO (DADOS FICTÍCIOS).

2 RESPONDA.

A) QUAL É O MENOR NÚMERO DE CALÇADO DESSA TURMA? MARQUE COM UM **X**.

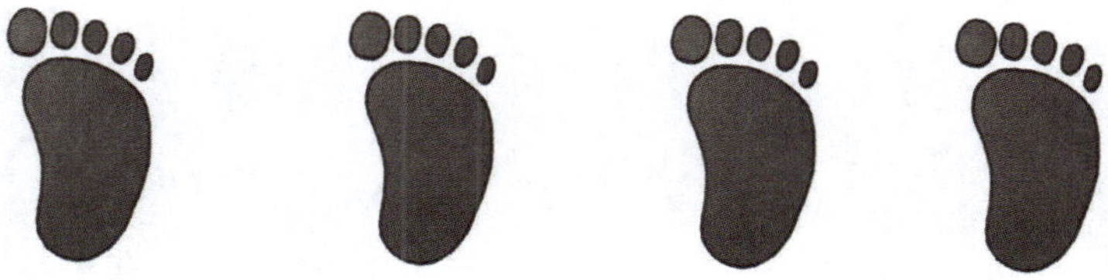

Ilustrações: Nid Arts/ Arquivo da editora

☐ 30 ☐ 31 ☐ 32 ☐ 33

B) QUAL É O MAIOR NÚMERO DE CALÇADO DESSA TURMA? MARQUE COM UM **X**.

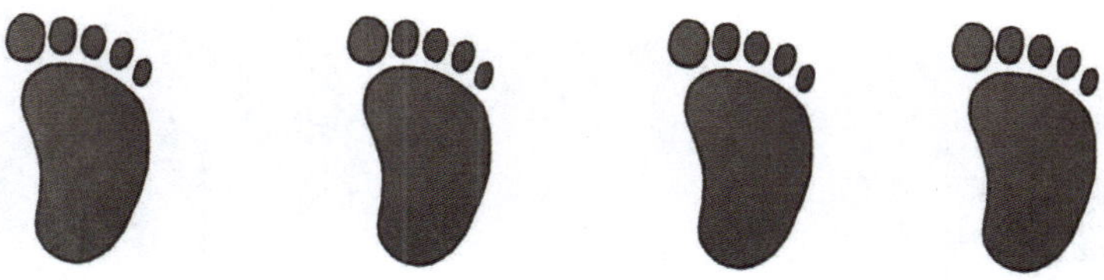

☐ 30 ☐ 31 ☐ 32 ☐ 33

C) QUANTOS ALUNOS CALÇAM O NÚMERO 30? ....

D) QUANTOS ALUNOS CALÇAM O NÚMERO 31? ....

E) QUANTOS ALUNOS CALÇAM O NÚMERO 32? ....

F) QUANTOS ALUNOS CALÇAM O NÚMERO 33? ....

G) QUANTOS ALUNOS TEM A TURMA DA PROFESSORA VERA?

RESPOSTA: ....

ATIVIDADE 10

O CALENDÁRIO DE ABRIL

1 COMPLETE O CALENDÁRIO.

Abril – 2019

DOMINGO	SEGUNDA-FEIRA	TERÇA-FEIRA	QUARTA-FEIRA	QUINTA-FEIRA	SEXTA-FEIRA	SÁBADO
	1	2	3	4	5	
7	8		10	11	12	13
14	15	16			**19**	20
21		23	24	25		27
	29	30				

Banco de imagens/Arquivo da editora

2 QUANTOS DIAS TEM O MÊS DE ABRIL? ....

3 PINTE DE **AZUL** O NOME DO DIA DA SEMANA EM QUE COMEÇOU O MÊS DE ABRIL DE 2019.

DOMINGO | QUARTA- FEIRA | SÁBADO

SEGUNDA-FEIRA | QUINTA-FEIRA

TERÇA-FEIRA | SEXTA-FEIRA

4 AGORA PINTE DE **VERDE** O NOME DO ÚLTIMO DIA DESSE MÊS DE ABRIL.

5 CARLA FAZ ANIVERSÁRIO NO PRIMEIRO DOMINGO DESSE MÊS DE ABRIL. EM QUE DIA DO MÊS É O ANIVERSÁRIO DE CARLA?

....

ATIVIDADE 11

OS MESES DO ANO

1 COMPLETE O QUADRO COM O NOME DOS MESES DO ANO.

MESES DO ANO			
1º JANEIRO	2º	3º MARÇO	4º ....
5º MAIO	6º JUNHO	7º	8º AGOSTO
9º SETEMBRO	10º	11º	12º DEZEMBRO

COMPLETE AS FRASES DE ACORDO COM A SEQUÊNCIA DOS MESES.

A) O MÊS QUE VEM LOGO DEPOIS DE AGOSTO É ....

B) FEVEREIRO É O MÊS QUE VEM ANTES DO MÊS DE ....

2 LEIA AS ADIVINHAS E ESCREVA O NOME DO MÊS EM QUE CADA CRIANÇA FAZ ANIVERSÁRIO.

Nid Arts/Arquivo da editora

PEDRO .... LIA .... MARIANA ....

RESOLVENDO MAIS PROBLEMAS

AS BEXIGAS DOS PALHAÇOS

1 CONTE E ESCREVA QUANTAS BEXIGAS CADA PALHAÇO ESTÁ SEGURANDO.

Nid Arts/Arquivo da editora

☐ PALHAÇO PIPOCA ☐ PALHAÇO REMENDO

2 UM VENTO FORTE SOPROU E 9 BEXIGAS DO **PALHAÇO PIPOCA** ESTOURARAM. QUANTAS BEXIGAS ESSE PALHAÇO AINDA TEM?

RESPOSTA: ....

3 O **PALHAÇO REMENDO** PASSOU 2 BEXIGAS DA MÃO ESQUERDA PARA A MÃO DIREITA. E AGORA, QUANTAS BEXIGAS ELE ESTÁ SEGURANDO EM CADA MÃO?

RESPOSTA: ....

ROSAS COLORIDAS

1 LEIA A SITUAÇÃO ABAIXO E RESPONDA À PERGUNTA.

Nid Arts/Arquivo da editora

RESPOSTA: ....

2 NO DOMINGO DE MANHÃ, LAURA VIU QUE DUAS ROSAS BRANCAS E UMA ROSA VERMELHA TINHAM MURCHADO. DEPOIS QUE LAURA RETIROU AS ROSAS DO VASO, QUANTAS ROSAS RESTARAM NO VASO?

RESPOSTA: ....

ATIVIDADE 12

VAMOS LIGAR OS PONTOS?

1 LIGUE TODOS OS PONTOS SEGUINDO A NUMERAÇÃO DE **1** ATÉ **40**.

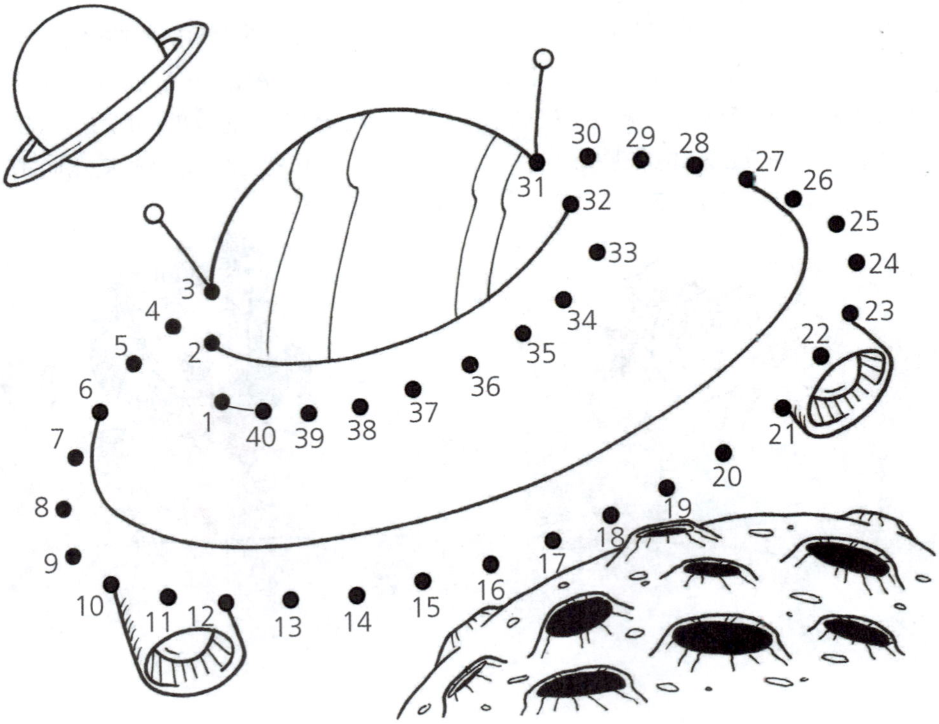

Nid Arts/Arquivo da editora

2 AGORA, RESPONDA.

A) QUAL É O MAIOR NÚMERO DOS PONTOS QUE VOCÊ LIGOU?

....

B) QUAIS SÃO OS NÚMEROS MAIORES DO QUE 27 E MENORES DO QUE 35?

....

C) QUAL É O NÚMERO QUE VEM ANTES DO 40 NA SEQUÊNCIA?

....

D) QUAIS NÚMEROS VÊM ANTES DE 25 E DEPOIS DE 18?

....

ATIVIDADE 13

AS COLEÇÕES

ACOMPANHE O NÚMERO DE CHAVEIROS QUE CADA AMIGO TEM EM SUA COLEÇÃO.

Nid Arts/Arquivo da editora

LARA ANTÔNIO MANUEL

1 **QUEM TEM MAIS CHAVEIROS EM SUA COLEÇÃO?** ....

2 **QUEM TEM MENOS CHAVEIROS?** ....

3 **DIANA TEM MAIS CHAVEIROS DO QUE ANTÔNIO E MENOS CHAVEIROS DO QUE LARA. RESPONDA À PERGUNTA DE DIANA.**

Nid Arts/Arquivo da editora

DIANA

RESPOSTA: ....

....

RESOLVENDO MAIS PROBLEMAS

AULA DE NATAÇÃO

O PROFESSOR DE NATAÇÃO TROUXE ALGUNS OBJETOS PARA OS ALUNOS USAREM NA PISCINA. OBSERVE.

Nid Arts/Arquivo da editora

1. QUANTOS OBJETOS O PROFESSOR DEIXOU NA PISCINA PARA OS ALUNOS USAREM? ....

2. ATÉ QUANTOS ALUNOS PODEM USAR, AO MESMO TEMPO, UMA BOIA EM FORMATO DE ESPAGUETE NA PISCINA?

....

3. A TURMA DO 1º **ANO A** TEM 24 ALUNOS. SE CADA ALUNO USAR UM ESPAGUETE NA PISCINA, QUANTOS SOBRARÃO?

....

4. A TURMA DO 1º **ANO B** TEM 20 ALUNOS. SE CADA ALUNO USAR UMA PRANCHA DE NATAÇÃO, QUANTAS FALTARÃO?

....

VISITA AO LABORATÓRIO

ALGUNS ALUNOS ORGANIZARAM UMA TABELA PARA INDICAR OS DIAS QUE FORAM AO LABORATÓRIO. PARA CADA DIA QUE FORAM, ELES MARCARAM ✓. JÁ NOS DIAS QUE NÃO FORAM, MARCARAM ✗. OBSERVE.

VISITAS AO LABORATÓRIO

	SEGUNDA- -FEIRA	TERÇA- -FEIRA	QUARTA- -FEIRA	QUINTA- -FEIRA	SEXTA- -FEIRA
VÂNIA	✓	✓	✗	✗	✓
FELIPE	✓	✓	✓	✗	✗
DIOGO	✗	✓	✗	✓	✓
ANITA	✗	✓	✗	✓	✗
DIEGO	✓	✓	✗	✗	✗
MARCELA	✓	✓	✓	✗	✗

1. PREENCHA O QUADRO ABAIXO COM O NÚMERO DE VEZES QUE CADA ALUNO FOI AO LABORATÓRIO.

	VÂNIA	FELIPE	DIOGO	ANITA	DIEGO	MARCELA
✓						

2. QUANTOS ALUNOS FORAM AO LABORATÓRIO NA SEGUNDA-FEIRA?

....

3. EM QUE DIA DA SEMANA TODOS OS ALUNOS FORAM AO LABORATÓRIO?

....

4. QUANTOS ALUNOS NÃO FORAM AO LABORATÓRIO NA QUINTA-FEIRA?

....

ATIVIDADE 14

VOCÊ É O PINTOR!

1 PINTE CADA FIGURA GEOMÉTRICA ABAIXO COM UMA COR DIFERENTE.

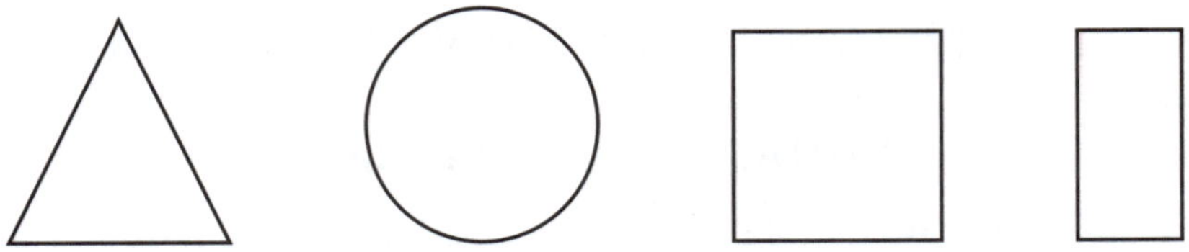

2 AGORA, PINTE OS DESENHOS ABAIXO COM AS CORES QUE VOCÊ ESCOLHEU PARA CADA FIGURA GEOMÉTRICA. DEPOIS, COMPLETE O QUADRO AO LADO DE CADA DESENHO.

A) ROBÔ

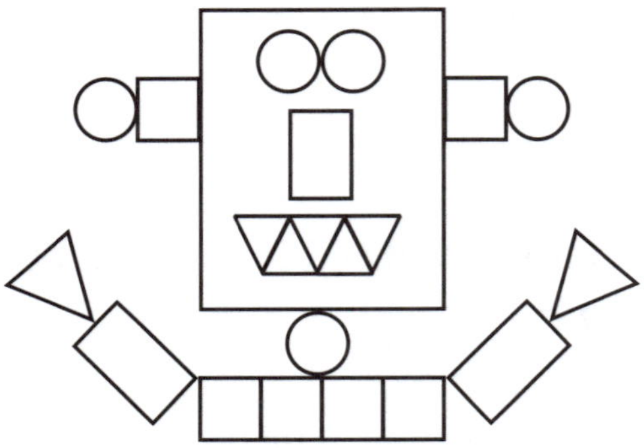

FIGURA	QUANTIDADE
△	
□	
▭	
○	

B) CAMINHÃO

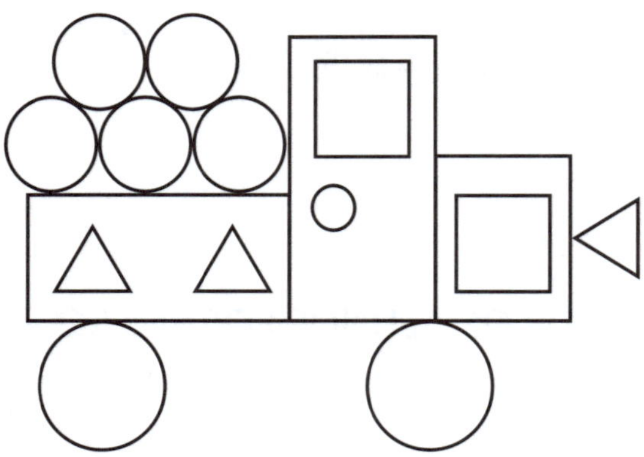

FIGURA	QUANTIDADE
△	
□	
▭	
○	

3 MARQUE COM UM **X** O DESENHO QUE FOI FEITO COM MAIS FIGURAS GEOMÉTRICAS.

☐ ROBÔ ☐ CAMINHÃO

ATIVIDADE 15

COMPLETANDO SEQUÊNCIAS

1 DESCUBRA A REGRA PARA COMPLETAR CADA SEQUÊNCIA COM AS FIGURAS QUE FALTAM.

A) 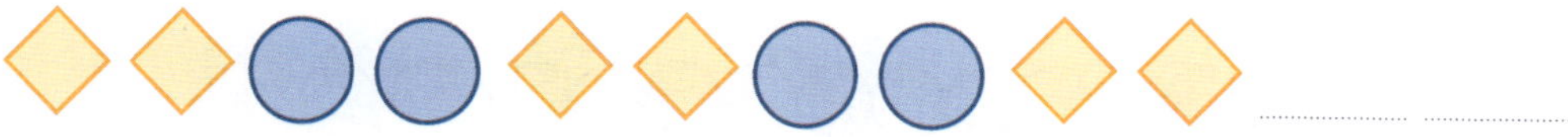

B) 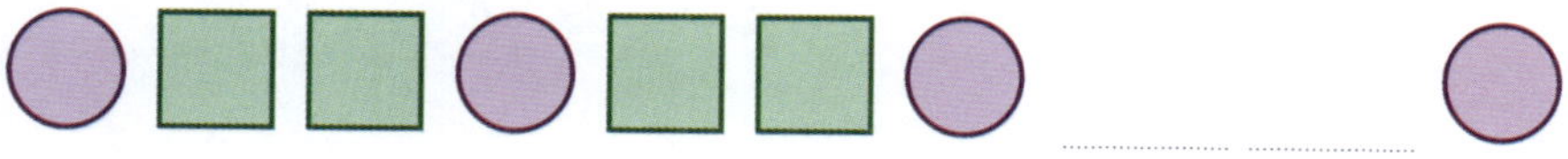

C) 

2 OBSERVE AS CORES QUE FORAM USADAS PARA PINTAR OS PEIXES. TODOS ELES DEVEM SER PINTADOS DA MESMA MANEIRA. CONTINUE PINTANDO SEGUINDO A REGRA.

Nid Arts/Arquivo da editora

ATIVIDADE 16

COMPARANDO COMPRIMENTOS

1 MARQUE UM **X** NA PULSEIRA **MAIS COMPRIDA**.

Nid Arts/Arquivo da editora

2 DESENHE UMA LINHA EM VOLTA DA ESCADA **MAIS ALTA**.

Nid Arts/Arquivo da editora

ATIVIDADE 17

MAIS ALTO, MAIS BAIXO

1 COMPARE A ALTURA DAS TRÊS GIRAFAS DO ZOOLÓGICO.

Nid Arts/Arquivo da editora

PINTE O NOME DA GIRAFA QUE COMPLETA CORRETAMENTE CADA FRASE.

A) A GIRAFA **MAIS ALTA** ENTRE AS TRÊS É:

SALOMÉ | GIGI | OLÍVIA

B) A GIRAFA GIGI É **MAIS BAIXA** DO QUE A GIRAFA:

SALOMÉ | GIGI | OLÍVIA

2 CAIO TIROU UMA FOTO COM SEUS AMIGOS. OBSERVE.

Nid Arts/Arquivo da editora

☐ OTO ☐ BIA ☐ CAIO ☐ ANA ☐ JOÃO

A) FAÇA UM **X** NO NOME DO MENINO **MAIS BAIXO**.

B) DESENHE UMA LINHA EM VOLTA DO NOME DA MENINA **MAIS ALTA**.

ATIVIDADE 18

A TRILHA DE NÚMEROS

1 AS CRIANÇAS ESTÃO BRINCANDO NO PARQUE. OBSERVE A TRILHA DE NÚMEROS DO PARQUE.

Ilustrações: Nid Arts/Arquivo da editora

QUE NÚMEROS DA TRILHA NUMERADA CADA BRINQUEDO ESTÁ ESCONDENDO?

....

2 DESCUBRA A REGRA DE CADA SEQUÊNCIA. DEPOIS, ESCREVA OS NÚMEROS QUE FALTAM.

A) | 18 | 19 | | 21 |

B) | 27 | 28 | 29 | |

C) | 38 | 39 | | 41 |

D) | 42 | | 44 | 45 |

ATIVIDADE 19

DIFERENTES CONTAGENS

VAMOS CONTAR DE MANEIRAS DIFERENTES?

1 **EM CADA QUADRO, PINTE OS QUADRINHOS DE ACORDO COM A REGRA INDICADA.**

A) CONTINUE PINTANDO OS NÚMEROS DA SEQUÊNCIA DE 2 EM 2.

0	1	2	3	4	5	6	7	8	9
10	11	12	13	14	15	16	17	18	19
20	21	22	23	24	25	26	27	28	29
30	31	32	33	34	35	36	37	38	39

B) CONTINUE PINTANDO OS NÚMEROS DA SEQUÊNCIA DE 3 EM 3.

40	41	42	43	44	45	46	47	48	49
50	51	52	53	54	55	56	57	58	59
60	61	62	63	64	65	66	67	68	69
70	71	72	73	74	75	76	77	78	79

C) CONTINUE PINTANDO OS NÚMEROS DA SEQUÊNCIA DE 5 EM 5.

80	81	82	83	84	85	86	87	88	89
90	91	92	93	94	95	96	97	98	99
100	101	102	103	104	105	106	107	108	109
110	111	112	113	114	115	116	117	118	119

2 **ESCREVA OS NÚMEROS DE 0 A 100, SEMPRE CONTANDO DE 10 EM 10.**

0	10									

OS ADESIVOS DE JANAÍNA

1 JANAÍNA GANHOU UMA CARTELA COM 16 ADESIVOS.

Nid Arts/Arquivo da editora

JANAÍNA JOÃO

ELA DECIDIU DIVIDIR IGUALMENTE ESSES ADESIVOS COM JOÃO. QUANTOS ADESIVOS JANAÍNA VAI DAR PARA JOÃO?

RESPOSTA: ....

2 AO CHEGAR EM CASA, JOÃO DEU 3 ADESIVOS DOS QUE GANHOU PARA SUA IRMÃ LAURA. COM QUANTOS ADESIVOS JOÃO FICOU?

RESPOSTA: ....

ANIVERSARIANTES DO MÊS

ÂNGELA REGISTROU, NO CALENDÁRIO ABAIXO, O NOME DE CADA AMIGO NO DIA EM QUE COMPLETOU 7 ANOS.

ANIVERSARIANTES DE SETEMBRO DE 2017

DOMINGO	SEGUNDA-FEIRA	TERÇA-FEIRA	QUARTA-FEIRA	QUINTA-FEIRA	SEXTA-FEIRA	SÁBADO
					1 ELIANE	2
3	4 LUANA			7	8	9 CAIO
10			BIA	14	15 ENZO	
JÚLIO	18	19 JUCA	20 CÁSSIO			23
		26	27	28 EMÍLIA	29 GIOVANA	30

Banco de imagens/Arquivo da editora

1. COMPLETE O CALENDÁRIO COM OS DIAS DO MÊS QUE ESTÃO FALTANDO.

2. QUANTOS AMIGOS DE ÂNGELA FAZEM ANIVERSÁRIO EM SETEMBRO? ....

3. QUAL DOS AMIGOS DE ÂNGELA FEZ ANIVERSÁRIO EM UM SÁBADO? ....

4. QUANTOS ANIVERSÁRIOS FORAM COMEMORADOS ÀS SEXTAS-FEIRAS NESSE MÊS? ....

ATIVIDADE 20

À DIREITA OU À ESQUERDA?

1 LETÍCIA CONVIDOU ALGUNS AMIGOS PARA UM LANCHE.

Nid Arts/Arquivo da editora

COMPLETE AS FRASES COM O NOME DOS AMIGOS.

A) .... ESTÁ SENTADA DO **LADO DIREITO** DE LETÍCIA.

B) ROGÉRIO ESTÁ SENTADO DO **LADO ESQUERDO** DE ....

C) .... ESTÁ SENTADA DO **LADO ESQUERDO** DE ROGÉRIO.

D) TOMÁS ESTÁ SENTADO EXATAMENTE **À FRENTE** DE ....

E) .... ESTÁ SENTADA DO **LADO ESQUERDO** DE TOMÁS E .... ESTÁ SENTADO DO **LADO DIREITO**.

ATIVIDADE 21

OS QUADROS DA PAREDE

MÁRCIA ESTÁ OBSERVANDO OS QUADROS DO SEU QUARTO.

Nid Arts/Arquivo da editora

1. DESENHE UMA LINHA EM VOLTA DO QUADRO QUE MÁRCIA VÊ PENDURADO **MAIS PERTO** DA PORTA.

2. FAÇA UM **X** NO QUADRO QUE ELA VÊ **ENTRE** O QUADRO DO ELEFANTE E O DA GIRAFA.

3. RISQUE O QUADRO QUE ELA VÊ **À DIREITA** DO QUADRO DO RINOCERONTE.

4. FAÇA UMA BOLINHA NO QUADRO QUE ELA VÊ **À ESQUERDA** DO QUADRO DO LEÃO.

ATIVIDADE 22

SABOR DE GELATINA PREFERIDO

A PROFESSORA CRISTINA FEZ UMA PESQUISA PARA SABER QUAL ERA O SABOR DE GELATINA PREFERIDO DE SEUS ALUNOS.

CADA ALUNO ESCOLHEU UM DESENHO QUE REPRESENTAVA O SABOR PREFERIDO DE GELATINA.

DEPOIS, CRISTINA E OS ALUNOS FIZERAM UM GRÁFICO PARA MOSTRAR O RESULTADO DA PESQUISA.

SABOR DE GELATINA PREFERIDO DO 1º ANO

Nid Arts/Arquivo da editora

FONTE: ALUNOS DO 1º ANO (DADOS FICTÍCIOS).

1 OBSERVE O GRÁFICO DA PÁGINA ANTERIOR. DEPOIS, COMPLETE A TABELA COM O NÚMERO DE VOTOS DE CADA SABOR.

SABOR DE GELATINA PREFERIDO DO 1º ANO				
SABOR ESCOLHIDO	 LIMÃO	 MORANGO	 UVA	 LARANJA
NÚMERO DE VOTOS	6			

Nid Arts/Arquivo da editora

FONTE: ALUNOS DO 1º ANO (DADOS FICTÍCIOS).

2 RESPONDA ÀS QUESTÕES.

A) QUANTOS SABORES FORAM ESCOLHIDOS PELA TURMA?

....

B) QUAL FOI O SABOR PREFERIDO DO 1º ANO? MARQUE COM UM **X**.

☐ LIMÃO ☐ MORANGO ☐ UVA ☐ LARANJA

C) QUAL FOI O SABOR QUE RECEBEU O MENOR NÚMERO DE VOTOS? MARQUE COM UM **X**.

☐ LIMÃO ☐ MORANGO ☐ UVA ☐ LARANJA

D) QUANTAS CRIANÇAS VOTARAM NO SABOR UVA?

....

E) QUANTOS VOTOS RECEBEU O SABOR LARANJA?

....

F) QUANTAS CRIANÇAS PARTICIPARAM DESSA PESQUISA?

....

G) QUAL DESSES SABORES VOCÊ ESCOLHERIA?

....

BRINCADEIRAS NO RECREIO

A TURMA DE JOSÉ SE ORGANIZOU PARA ALGUMAS BRINCADEIRAS NO RECREIO.

1 **PARA JOGAR QUEIMADA, FORAM FORMADOS 3 TIMES COM 8 ALUNOS CADA UM. QUANTAS CRIANÇAS BRINCARAM DE QUEIMADA?**

RESPOSTA: ....

2 **PARA O JOGO DE BOLA, 12 ALUNOS SE DIVIDIRAM IGUALMENTE EM 2 TIMES. QUANTOS ALUNOS FORMARAM CADA TIME?**

RESPOSTA: ....

3 **PARA JOGAR PINGUE-PONGUE FORAM FORMADAS 5 DUPLAS DE ALUNOS. QUANTOS ALUNOS PARTICIPARAM DO JOGO?**

RESPOSTA: ....

OS BAMBOLÊS

ALGUNS ALUNOS DA TURMA DE CARLA FARÃO UMA APRESENTAÇÃO DE GINÁSTICA COM BAMBOLÊS. CADA ALUNO VAI USAR DOIS BAMBOLÊS.

Nid Arts/Arquivo da editora

TIAGO CARLA BRUNA LUÍS

1 **CARLA, BRUNA, TIAGO E LUÍS FARÃO A PRIMEIRA APRESENTAÇÃO. QUANTOS BAMBOLÊS SERÃO USADOS?**

RESPOSTA: ....

2 **O SEGUNDO GRUPO A SE APRESENTAR SERÁ FORMADO POR 6 MENINOS. QUANTOS BAMBOLÊS ESSE GRUPO USARÁ?**

RESPOSTA: ....

ATIVIDADE 23

JUNTANDO MOEDAS DO REAL

1 DESENHE UMA LINHA EM VOLTA DAS MOEDAS QUE FORMAM **25 CENTAVOS**.

ELEMENTOS NÃO PROPORCIONAIS ENTRE SI.

Fotos: Reprodução/Casa da Moeda do Brasil/Ministério da Fazenda

2 DESENHE UMA LINHA EM VOLTA DAS MOEDAS QUE FORMAM **50 CENTAVOS**.

3 DESENHE UMA LINHA EM VOLTA DAS MOEDAS PARA FORMAR **60 CENTAVOS**.

ATIVIDADE 24

JUNTANDO NOTAS DO REAL

1. DESENHE UMA LINHA EM VOLTA DAS NOTAS PARA FORMAR **20 REAIS**.

Fotos: Reprodução/Casa da Moeda do Brasil/Ministério da Fazenda

2. AGORA, DESENHE UMA LINHA EM VOLTA DE OUTRAS NOTAS PARA FORMAR **20 REAIS**.

3. DESENHE UMA LINHA EM VOLTA DAS NOTAS PARA FORMAR **40 REAIS**.

ELEMENTOS NÃO PROPORCIONAIS ENTRE SI.

ATIVIDADE 25

OS CÍRCULOS

VEJA ALGUNS DESENHOS QUE JOÃO CRIOU COM CÍRCULOS.

Nid Arts/Arquivo da editora

1 CRIE DOIS DESENHOS A PARTIR DOS CÍRCULOS ABAIXO.

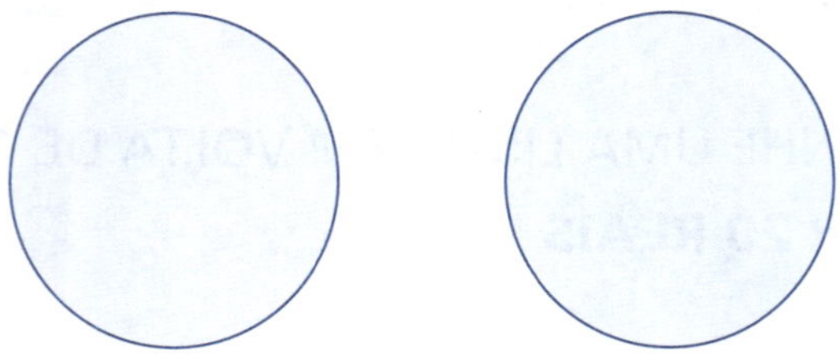

2 QUANTOS CÍRCULOS E QUANTOS QUADRADOS APARECEM NO QUADRO ABAIXO?

☐ CÍRCULOS ☐ QUADRADOS

ATIVIDADE 26

BOLAS E MAIS BOLAS

VÁRIOS ESPORTES USAM BOLAS. VEJA ALGUMAS DELAS.

Dario Lo Presti/Shutterstock

Yurii Vydyborets/Shutterstock

FocusStocker/Shutterstock

Liubov Fediashova/Shutterstock

Alexapicso/Shutterstock

Aptyp_koK/Shutterstock

Keattikorn/Shutterstock

1 COMPLETE: TODAS ESSAS BOLAS LEMBRAM A FIGURA GEOMÉTRICA ....

2 DESENHE OBJETOS, FRUTAS OU BRINQUEDOS QUE LEMBREM A FORMA DA ESFERA.

ATIVIDADE 27

FORMANDO 6

OBSERVE A QUANTIDADE DE PÁSSAROS DE CADA COR.

HÁ 2 PÁSSAROS **VERMELHOS** E 4 PÁSSAROS **AZUIS**.

$2 + 4 = 6$

Nid Arts/Arquivo da editora

1 **ESCREVA A ADIÇÃO CORRESPONDENTE AO NÚMERO DE PÁSSAROS DE CADA COR.**

A) 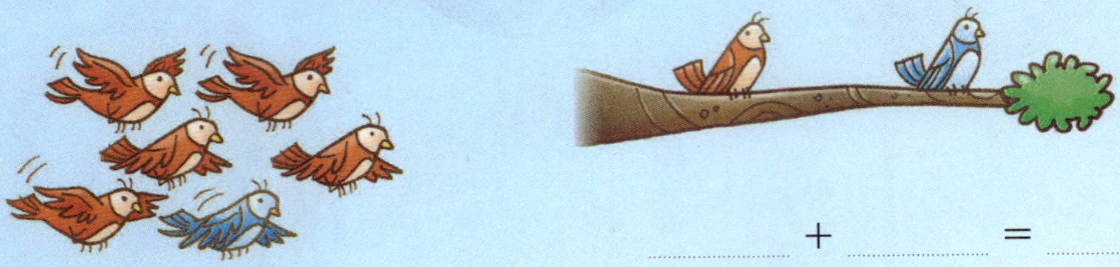

.... + ... = ...

B) 

.... + ... = ...

C) 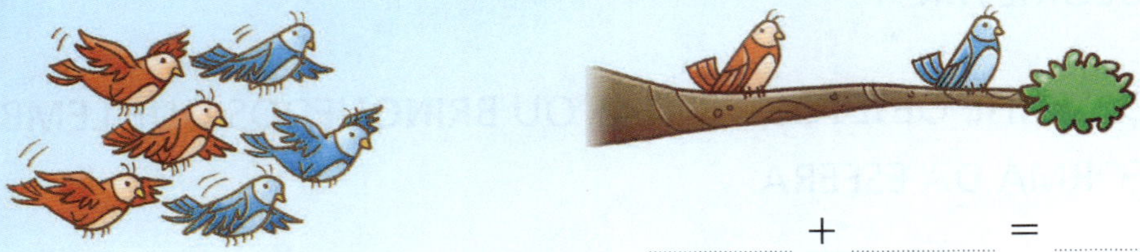

.... + ... = ...

D) 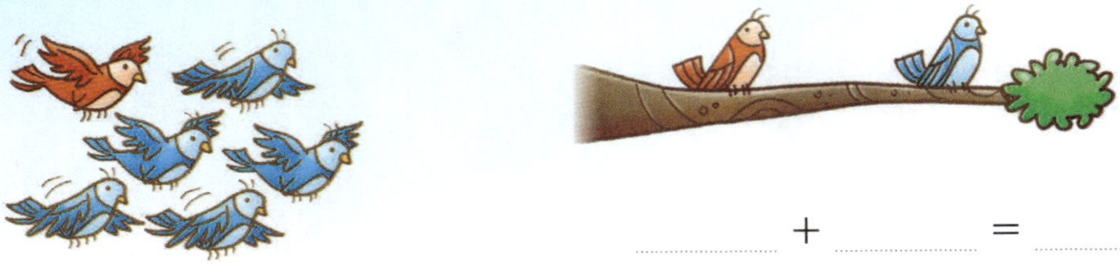

.... + ... = ...

E) 

.... + ... = ...

ATIVIDADE 28

FORMANDO 7

ANA COLOCOU 7 LÁPIS EM DOIS POTES. OBSERVE.

Nid Arts/Arquivo da editora

5 + 2 = 7

5 LÁPIS NO POTE **LARANJA** E 2 LÁPIS NO POTE **AZUL**.

1 **OBSERVE OS DESENHOS E ESCREVA AS ADIÇÕES CORRESPONDENTES.**

A)

.... + ... = ...

C)

.... + ... = ...

B)

.... + ... = ...

D)

.... + ... = ...

A EXCURSÃO

1 **NA TURMA DE ANDRÉ HÁ 15 MENINAS E 16 MENINOS. NO DIA 5 DE SETEMBRO, ÀS 8 HORAS, ELES PARTICIPARAM DE UMA EXCURSÃO AO ZOOLÓGICO. NESSE DIA, FALTARAM 3 MENINAS E 4 MENINOS DA TURMA.**

A) QUANTOS ALUNOS HÁ NA TURMA DE ANDRÉ?

RESPOSTA: ....

B) QUANTOS ALUNOS DESSA TURMA PARTICIPARAM DA EXCURSÃO?

RESPOSTA: ....

2 **MARQUE NO TEXTO DO PROBLEMA ANTERIOR AS INFORMAÇÕES QUE NÃO FORAM NECESSÁRIAS PARA RESPONDER ÀS QUESTÕES.**

O LIVRO DE HISTÓRIAS DE ROBERTA

1 **ROBERTA GOSTA DE ESCREVER HISTÓRIAS. ELA TEM UM CADERNO E ESCREVE UMA HISTÓRIA POR PÁGINA.**

A) ROBERTA JÁ ESCREVEU 18 HISTÓRIAS DE AVENTURA, 2 HISTÓRIAS DE TERROR E 6 HISTÓRIAS ROMÂNTICAS. QUANTAS HISTÓRIAS ROBERTA JÁ ESCREVEU EM SEU CADERNO?

RESPOSTA: ....

B) O CADERNO DE ROBERTA TEM 30 PÁGINAS. QUANTAS HISTÓRIAS ELA AINDA PODE ESCREVER NESSE CADERNO?

RESPOSTA: ....

2 **ROBERTA QUER USAR ADESIVOS PARA ENFEITAR 3 DE SUAS HISTÓRIAS. ELA VAI COLOCAR 4 ADESIVOS EM CADA HISTÓRIA. QUANTOS ADESIVOS ROBERTA PRECISA COMPRAR PARA ENFEITAR ESSAS HISTÓRIAS?**

RESPOSTA: ....

ATIVIDADE 29

CONTANDO ATÉ 80

1 CONTE DE 1 EM 1 E COMPLETE O QUADRO COM OS NÚMEROS DE 1 ATÉ 80.

1		3		5	6	7	8		
11			14	15		17			20
		23	24		26		28		
	32		34			37			40
41		43			46			49	50
	52	53		55	56				60
61			64			67			70
71		73				77		79	

A) PINTE DE **LARANJA** OS NÚMEROS QUE ESTÃO ENTRE 75 E 79.

B) PINTE DE **AZUL** OS NÚMEROS MENORES QUE 15.

C) COPIE TODOS OS NÚMEROS QUE TERMINAM COM ZERO (0).

....

D) FAÇA UM **X** NO MAIOR NÚMERO QUE TERMINA COM 6.

E) DESENHE UMA LINHA EM VOLTA DO MAIOR NÚMERO QUE COMEÇA COM 7.

F) ESCREVA UM NÚMERO MAIOR QUE 80. ....

ATIVIDADE 30

QUAL É A SUBTRAÇÃO?

1. ACOMPANHE A HISTÓRIA.

Nid Arts/Arquivo da editora

MARQUE COM UM **X** A SUBTRAÇÃO CORRESPONDENTE À HISTÓRIA.

☐ 8 − 2 = 6 ☐ 10 − 2 = 8 ☐ 10 − 3 = 7

2. FAÇA DESENHOS PARA REPRESENTAR CADA SUBTRAÇÃO.

A) 12 − 4 = ...

B) 9 − 5 = ...

ATIVIDADE 31

QUAL É O RESULTADO?

1 LIGUE CADA PAR DE LUVAS QUE TEM O MESMO RESULTADO.

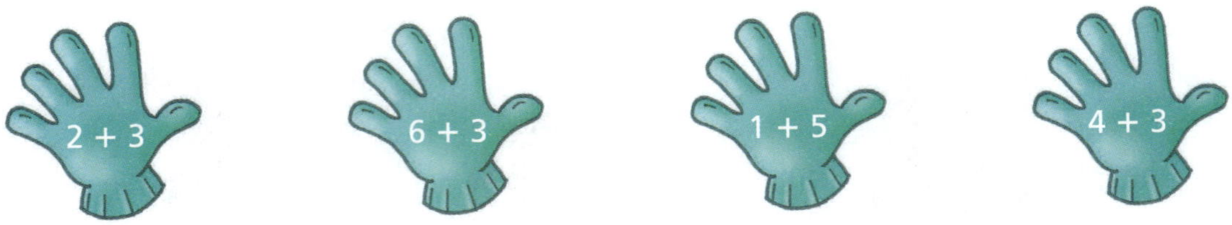

Nid Arts/Arquivo da editora

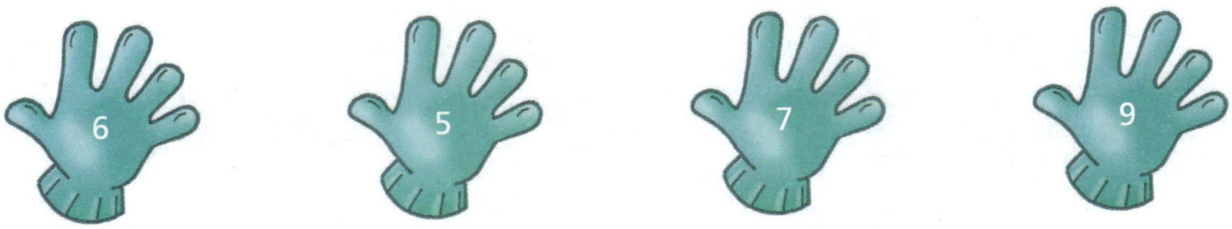

2 PINTE DA MESMA COR OS BARQUINHOS QUE TÊM RESULTADOS IGUAIS.

Nid Arts/Arquivo da editora

A)
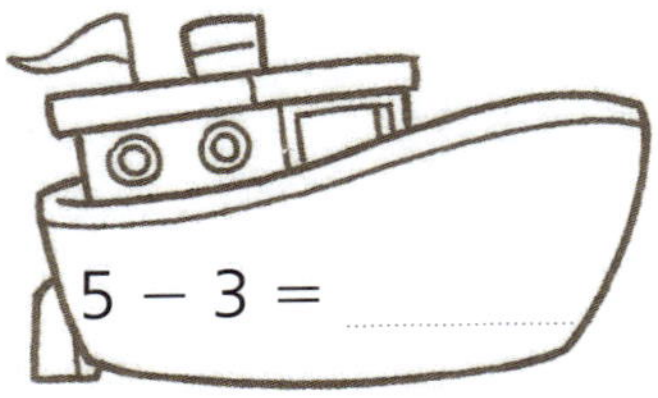

B)
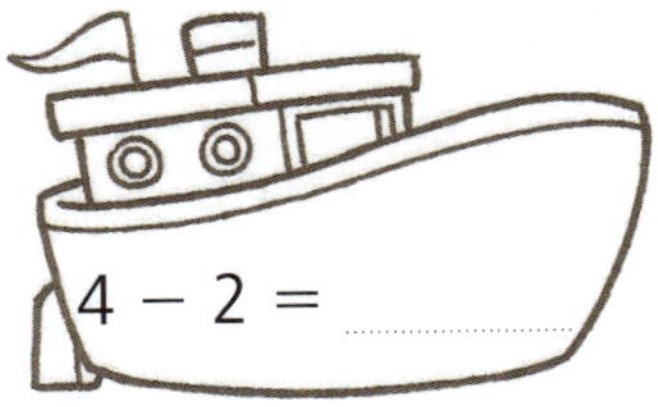

C)
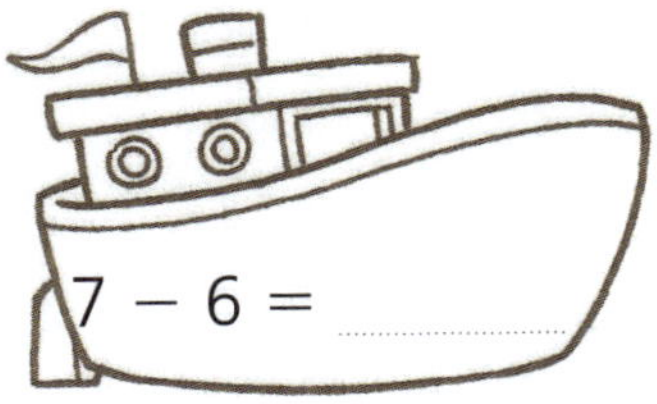

D)
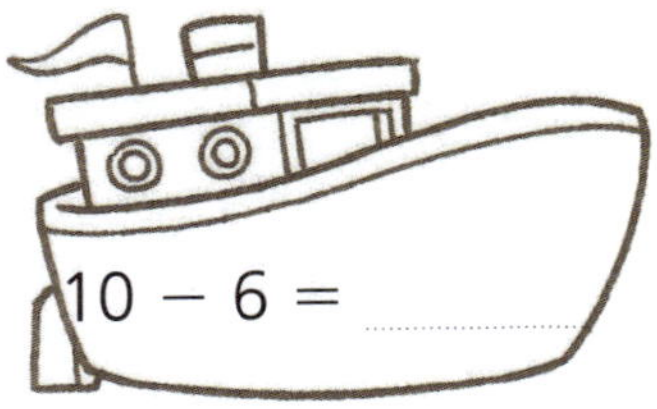

E)
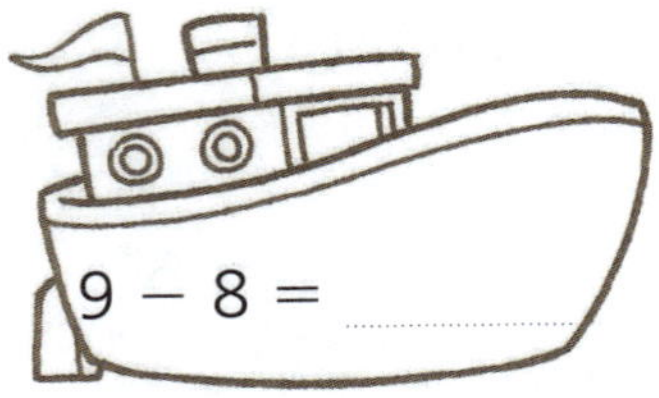

F)
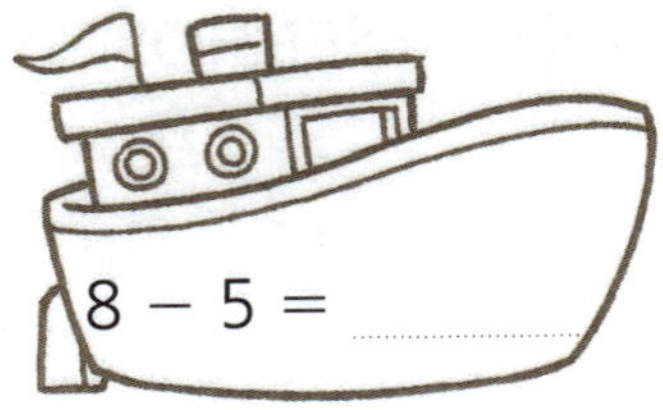

G)
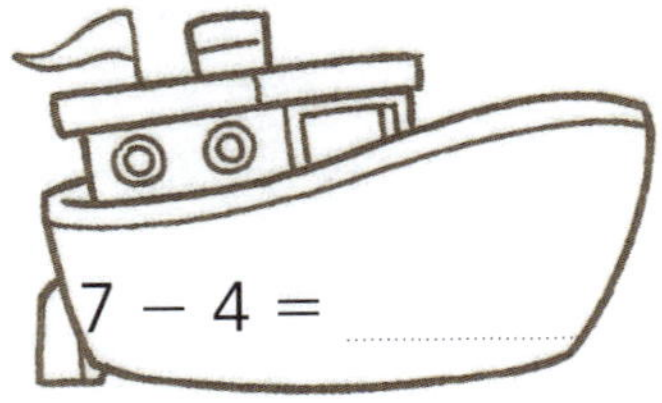

H)
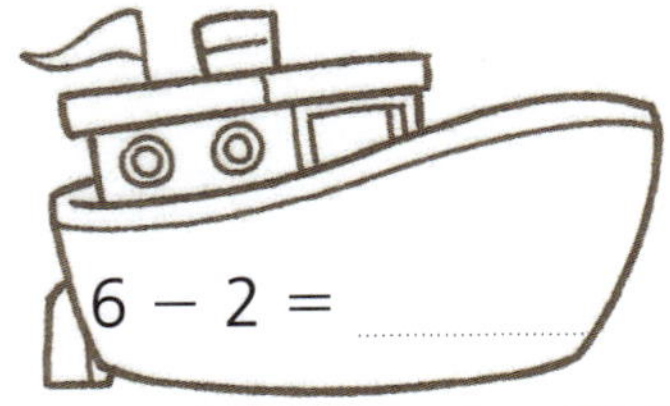

ATIVIDADE 32

FORMANDO 8

EM UM JOGO DE COMPUTADOR, CÍNTIA PRECISA VESTIR TODAS AS COMBINAÇÕES POSSÍVEIS DE MEIAS **AZUIS** E **VERDES** NOS TENTÁCULOS DO POLVO.

Ilustrações: Nid Arts/Arquivo da editora

1 MEIA **VERDE** E 7 MEIAS **AZUIS**.

1 + 7 = 8

1 **OBSERVE DE QUE OUTRAS MANEIRAS CÍNTIA VESTIU AS MEIAS NO POLVO DO JOGO. EM SEGUIDA, ESCREVA A ADIÇÃO CORRESPONDENTE.**

A)

.... + ... = ...

D)

.... + ... = ...

B)

.... + ... = ...

E)

.... + ... = ...

C)

.... + ... = ...

F)

.... + ... = ...

VAMOS TROCAR CÉDULAS?

PODEMOS TROCAR UMA CÉDULA DE **20 REAIS** POR DUAS CÉDULAS DE **10 REAIS**. O VALOR FINAL É O MESMO. OBSERVE.

ELEMENTOS NÃO PROPORCIONAIS ENTRE SI.

Fotos: Reprodução/Casa da Moeda do Brasil/ Ministério da Fazenda

20 REAIS É IGUAL A 10 REAIS MAIS 10 REAIS.

1. COMO VOCÊ PODE TROCAR UMA CÉDULA DE **20 REAIS** POR CÉDULAS DE **10 REAIS** E CÉDULAS DE **5 REAIS**? MOSTRE SUA RESPOSTA DESENHANDO AS CÉDULAS.

2. QUANTAS CÉDULAS DE **5 REAIS** SÃO NECESSÁRIAS PARA TROCAR POR UMA CÉDULA DE **20 REAIS**?

O PIPOQUEIRO

O PIPOQUEIRO DO PARQUE PREPAROU 24 SAQUINHOS DE PIPOCA QUENTINHA.

EM SEGUIDA, ELE VENDEU 4 SAQUINHOS DE PIPOCA PARA UMA FAMÍLIA.

1 QUANTOS SAQUINHOS AINDA HÁ NO CARRINHO PARA O PIPOQUEIRO VENDER? FAÇA UM DESENHO PARA MOSTRAR COMO VOCÊ PODE RESOLVER ESSE PROBLEMA.

Nid Arts/Arquivo da editora

RESPOSTA: ....

2 LOGO DEPOIS, O PIPOQUEIRO VENDEU MAIS 2 SAQUINHOS PARA OUTRAS PESSOAS. QUANTOS SAQUINHOS DE PIPOCA SOBRARAM NO CARRINHO?

Nid Arts/Arquivo da editora

RESPOSTA: ....

ATIVIDADE 33

SUBIR E DESCER NA GANGORRA

1 ROBERTA LEVOU SEUS SOBRINHOS E ALGUNS AMIGOS DELES AO PARQUE PARA BRINCAR DE GANGORRA. OBSERVE.

CENA 1

Nid Arts/Arquivo da editora

CENA 2

CENA 3

AGORA, RESPONDA.

A) QUEM É **MAIS LEVE**, ADRIANA OU JOÃO? ....

B) QUEM É **MAIS LEVE**, LUIZ OU PAULO? ....

C) QUEM É **MAIS PESADO**, MILA OU DANIEL? ....

2 OS SOBRINHOS DE ROBERTA E OS AMIGOS DELES CONTINUARAM BRINCANDO NA GANGORRA. OBSERVE A SEQUÊNCIA DE ILUSTRAÇÕES.

CENA 1

Nid Arts/Arquivo da editora

CENA 2

CENA 3

3 FORME UMA DUPLA PARA CRIAR UMA HISTÓRIA SOBRE A BRINCADEIRA NA GANGORRA. DEPOIS, CONTEM A HISTÓRIA PARA TODA A TURMA.

ATIVIDADE 34

FIGURAS GEOMÉTRICAS

1 OS OBJETOS OU PARTES DOS OBJETOS QUE APARECEM NAS FOTOGRAFIAS LEMBRAM QUAL FIGURA GEOMÉTRICA?

Popartic/Shutterstock

Ivonne Wierink/Shutterstock

Jo De Vulder/Shutterstock

Suradech Prapairat/Shutterstock

Thinkstock/Getty Images

mangpor2004/Shutterstock

ELEMENTOS NÃO PROPORCIONAIS ENTRE SI.

ATIVIDADE 35

DESENHANDO FIGURAS

1 DESENHE RETÂNGULOS E TRIÂNGULOS NA MALHA PONTILHADA. VOCÊ PODE USAR UMA RÉGUA PARA DESENHAR.

2 PINTE OS RETÂNGULOS DE **VERMELHO** E OS TRIÂNGULOS DE **ROXO**.

3 QUANTOS RETÂNGULOS VOCÊ DESENHOU? ....

4 E QUANTOS TRIÂNGULOS VOCÊ DESENHOU? ....

ATIVIDADE 36

BRINCADEIRAS ANTIGAS

A TURMA DE PEDRO PARTICIPOU DE UMA PESQUISA SOBRE BRINCADEIRAS. CADA ALUNO DEVERIA ESCOLHER APENAS UMA BRINCADEIRA. VEJA O RESULTADO.

BRINCADEIRA PREFERIDA

NOME	BRINCADEIRA
PAULA	CAMA DE GATO
ELISABETE	CABO DE GUERRA
FRANCISCO	CABO DE GUERRA
CARINA	QUEIMADA
OTÁVIO	QUEIMADA
ANTÔNIO	ELÁSTICO
MÁRCIA	ELÁSTICO
BIANCA	CABO DE GUERRA
JOAQUIM	ELÁSTICO
MIGUEL	CAMA DE GATO
MARIA	ELÁSTICO
FABIANO	QUEIMADA
LUZIA	CAMA DE GATO
CAIO	CABO DE GUERRA
NILDA	ELÁSTICO
GENÉSIO	QUEIMADA
AUGUSTO	CABO DE GUERRA
JULIANA	ELÁSTICO
EDUARDO	CABO DE GUERRA
GABRIELA	QUEIMADA
LETÍCIA	CABO DE GUERRA

FONTE: ALUNOS DA TURMA DE PEDRO (DADOS FICTÍCIOS).

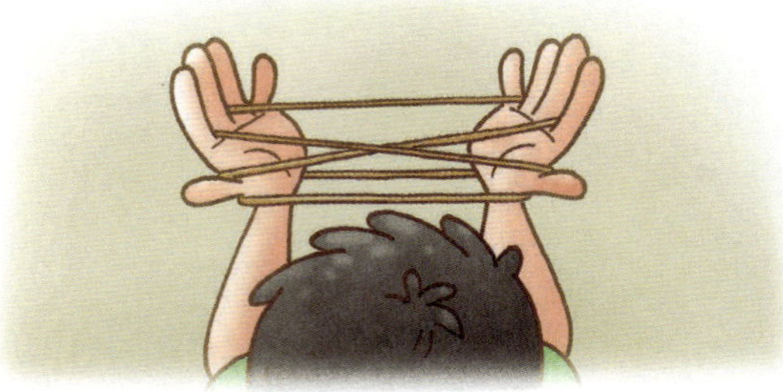

1 QUANTAS CRIANÇAS ESCOLHERAM CADA BRINCADEIRA? CONTE O NÚMERO DE VOTOS QUE CADA BRINCADEIRA RECEBEU E COMPLETE A **TABELA** ABAIXO.

BRINCADEIRA PREFERIDA

BRINCADEIRA	NÚMERO DE CRIANÇAS
CAMA DE GATO	
CABO DE GUERRA	
QUEIMADA	
ELÁSTICO	

FONTE: ALUNOS DA TURMA DE PEDRO (DADOS FICTÍCIOS).

2 AGORA, VAMOS CONSTRUIR UM **GRÁFICO** MOSTRANDO O NÚMERO DE CRIANÇAS QUE PREFERIU CADA UMA DAS BRINCADEIRAS. PINTE UM QUADRADINHO PARA CADA VOTO.

BRINCADEIRA PREFERIDA

Ilustrações: Nid Arts/Arquivo da editora

FONTE: ALUNOS DA TURMA DE PEDRO (DADOS FICTÍCIOS).

3 OBSERVANDO A TABELA OU O GRÁFICO, RESPONDA:

A) QUAL FOI A BRINCADEIRA PREFERIDA DA TURMA?

....

B) QUAL FOI A MENOS VOTADA? ....

C) QUANTAS CRIANÇAS ESCOLHERAM A QUEIMADA? ....

D) QUANTAS CRIANÇAS PARTICIPARAM DA PESQUISA? ....

RESOLVENDO MAIS PROBLEMAS

SANDUÍCHES DIVERTIDOS

1 DANIELA PREPAROU SANDUÍCHES PARA O LANCHE.

Nid Arts/Arquivo da editora

A) SE DANIELA QUISER DIVIDIR IGUALMENTE OS SANDUÍCHES EM 4 BANDEJAS, QUANTOS SANDUÍCHES ELA COLOCARÁ EM CADA UMA?

RESPOSTA: ....

B) E SE DANIELA QUISER DIVIDIR IGUALMENTE OS SANDUÍCHES EM 6 BANDEJAS, QUANTOS SANDUÍCHES SERÃO COLOCADOS EM CADA BANDEJA?

RESPOSTA: ....

O ÁLBUM DE BETE

1. BETE ADORA DESENHAR ANIMAIS! ELA ESTÁ MONTANDO UM ÁLBUM COM OS DESENHOS QUE ELA FEZ.
O ÁLBUM TERÁ 6 PÁGINAS E EM CADA PÁGINA ELA VAI COLAR 5 DESENHOS DE ANIMAIS DIFERENTES. QUANTOS DESENHOS TERÁ O ÁLBUM DE BETE?

RESPOSTA: ....

2. BETE JÁ FEZ 18 DESENHOS PARA O ÁLBUM. QUANTOS DESENHOS AINDA FALTAM PARA O ÁLBUM FICAR COMPLETO?

RESPOSTA: ....

ATIVIDADE 37

FORMANDO 10

1 ISABELA DESENHOU UMA LINHA EM VOLTA DE DOIS NÚMEROS PARA FORMAR 10. FAÇA COMO ISABELA.

7	3	3	4	6
9	1	5	5	1
7	4	6	1	3
4	2	5	8	9
5	4	1	2	1
5	4	9	2	7

ATIVIDADE 38

ADIÇÕES E SUBTRAÇÕES

1 COMPLETE COM OS SINAIS **+** OU **−**:

A) 5 ◯ 3 = 8 C) 8 ◯ 4 = 4 E) 9 ◯ 0 = 9

B) 7 ◯ 2 = 5 D) 3 ◯ 4 = 7 F) 6 ◯ 3 = 9

2 RESOLVA OS CÁLCULOS. DEPOIS, PINTE DA MESMA COR AS FIGURAS QUE TÊM O MESMO RESULTADO.

6 − 2 = ...	3 + 0 = ...	8 − 2 = ...
9 − 6 = ...	1 + 3 = ...	2 + 4 = ...

3 LIGUE CADA RAQUETE À BOLINHA CORRESPONDENTE.

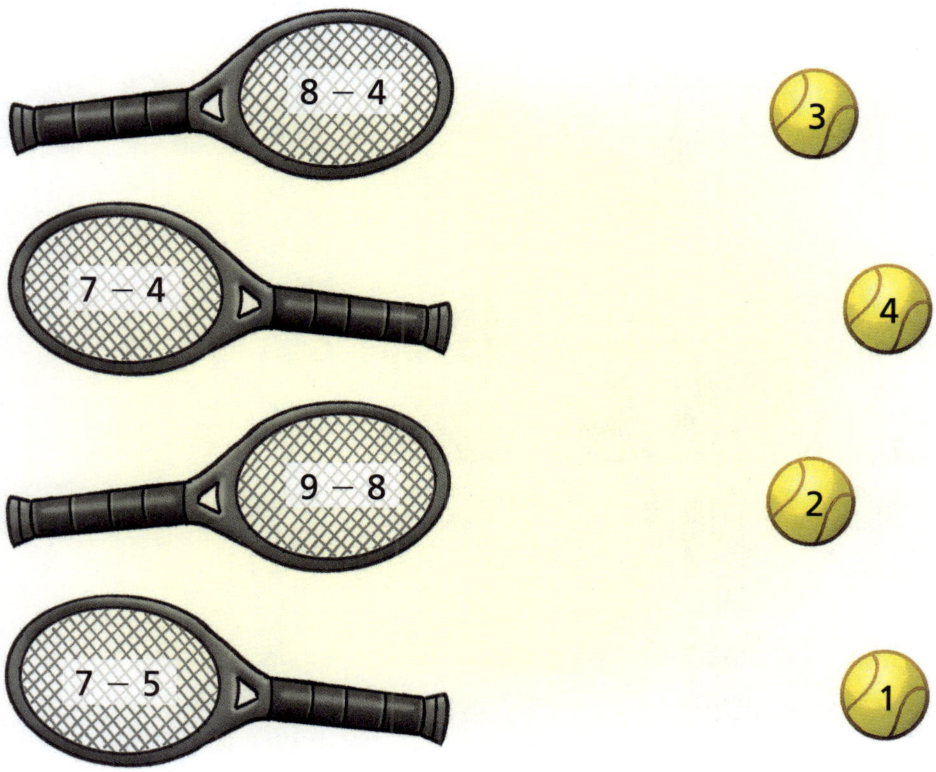

Nid Arts/Arquivo da editora

ATIVIDADE 39

100 REAIS

ELEMENTOS NÃO PROPORCIONAIS ENTRE SI.

1 DESENHE AS NOTAS PARA COMPLETAR 100 REAIS.

A)

B)

C)

Fotos: Reprodução/Casa da Moeda do Brasil/Ministério da Fazenda